农村生活污水治理设施

运行维护
技术管理

150问

浙江省住房和城乡建设厅主编
二〇一六年十一月

图书在版编目（CIP）数据

农村生活污水治理设施运行维护技术管理 150 问 / 浙江省住房和城乡建设厅主编. -- 北京：中国建材工业出版社，2016.11
ISBN 978-7-5160-1711-1

Ⅰ.①农… Ⅱ.①浙… Ⅲ.①农村—生活污水—污水处理设备—设备管理—问题解答 Ⅳ.①X703-44

中国版本图书馆 CIP 数据核字（2016）第 275303 号

农村生活污水治理设施运行维护技术管理 150 问

*

出版：中国建材工业出版社
地址：北京市海淀区三里河路 1 号
邮政编码：100044
印刷：杭州余杭大华印刷厂印制
开本：889mm×1194mm 1/32 印张：8 字数：128 千字
2016年11月第一版 2016年11月第一次印刷
*

书号：ISBM 9-787-5160-1711-1
定价：22.00 元

农村生活污水治理设施
运行维护技术管理 150 问

编委会主　任： 张　奕

编委会副主任： 江胜利　胡金法　姜　宁

　　　　　　　　马旭新　王绪寅

编委会委　员： 许明海　厉　兴　邵向晖

　　　　　　　　钱　科　何起利　郁嘉骏

　　　　　　　　陶　卓　虞欣幸

前　　言

　　农村环境保护是我国环境保护工作的重要组成部分，是改善区域环境质量的主要措施。农村生活与生产活动产生的污染不仅会影响广大农村居民的生活质量，也会影响到城市环境。因此，农村环境质量的好坏直接影响城乡居民的工作和生活，也与国民经济的发展息息相关。新农村建设、优良生态环境培育是一项长期而艰巨的工作。

　　农村生活污水面广、量大，治理条件复杂、基础薄弱，农村生活污水治理是全省治污水工作的重点和难点。目前，我省农村生活污水治理设施已在超过2万个行政村中逐步建成和投入使用，"三分建、七分管"，这些设施的运行维护将对农村生活污水治理设施的作用发挥起着关键作用。

　　农村生活污水运行维护涉及的技术性和实践操作性比较强，为指导现场运行管理人员的规范化操作和保证农村生活污水处理的稳定、长期运行，我们针对性地编制本《农村生活污水治理设施运行维护技术管理150问》，目的在于针对目前农村生活污水处理运行维护过程中的常见问题，采用问答的形式，图文并茂地描述了农村生活污水基本常识、农村生活污水处理工程中污水管网的运行维护、污水处理设施的运行维护、运行维护安全问题及涉及到的农村生活污水基础知识相关内容，供相关管理部门及相关运行管理人员参考。

　　该书的编制得到了浙江省建筑科学设计研究院有限公司，浙江省环境保护科学设计研究院、杭州西湖区农业和农村工作办公室、杭州问源环保科技股份有限公司的大力支持。

目　　录

第一章　农村生活污水治理设施运维概述

1. 通常所说的农村生活污水由哪几类污水构成？

农村居民排放的生活污水主要包括卫生间污水、厨房污水和洗涤污水，此三水污染负荷的占比约为 6:2:2。污水收集须实行雨污分流，雨水不得接入生活污水收集管网。

农村居民生活用水量受经济条件、用水习惯、生活季节等因素直接影响。确定具体用水量时，可参照《浙江省用（取）水定额（2015 年）》，具体见下表 1 - 1。

表 1 - 1　农村居民生活用（取）水定额

单位：升/（人·日）

村　庄　类　型	定额值
全日供水，室内有给排水设施且卫生设施齐全	120—180
全日供水，室内部分有给排水设施且卫生设施较齐全	100—160
水龙头入户，室内部分有给排水设施和卫生设施	80—120
水龙头入户，无卫生设施	70—90
集中供水点取水的边远海岛及偏僻山区	60—70

注 1：全日供水是指日供水时间在 12h 以上。
注 2：各地可根据本地水资源条件和经济发展水平在相应的范围内确定用水定额。水资源丰富、经济发展水平高的地区取高值；反之取低值。

确定排水量时，可根据农户实际产生的污水水量，在无实测数据时，一般可按上表的80% ~90%确定排水量。

2. 农村生活污水常用的处理工艺有哪些?

农村生活污水常用的处理工艺主要有：厌氧＋人工湿地、A/O、A/O＋人工湿地及 A^2/O ＋人工湿地等。其中 A/O 又主要包括厌氧＋生物接触氧化、厌氧＋活性污泥法、厌氧＋膜生物反应器（MBR）。

（1）厌氧＋人工湿地工艺

图1-1　厌氧＋人工湿地处理工艺流程图

（2）A/O 工艺

主要有3种类型：①厌氧＋生物接触氧化；②厌氧＋活性污泥法；③预处理＋膜生物反应器（MBR）。

图1-2　A/O 法处理工艺流程图

（3）A/O＋人工湿地工艺

图1-3　A/O＋人工湿地处理工艺流程图

（4）A^2/O + 人工湿地工艺

图 1-4　A^2/O + 人工湿地处理工艺流程图

3. 农村生活污水治理设施包括哪些?

农村生活污水治理设施就是对农村生活污水进行收集、处理的构筑物及设备，包括接户设施、管网设施及终端处理设施。

接户设施即入户清扫井进水管以上部分，包括接户管道、存水弯、隔油池、化粪池等。

管网设施即入户清扫井以后管道部分到终端处理设施，包括收集系统、输送管渠、检查井、提升泵站和附属构筑物等。

图 1-5　农村生活治理终端设施

终端处理设施包括格栅井、阀门井、管道连通井、沉砂池、调节池、初沉池、厌氧池、缺氧池、好氧池、二沉池、生物滤池、稳定塘、人工湿地、消毒池、出水井、排放口等构筑物，以及提升泵、回流泵、反洗泵、MBR 处理设备、风机、流量计、控制柜、水质在线监测传感器、阀门、生物填料、曝气器等仪器设备。

4. 治理设施运行维护的主要内容有哪些？

农村生活污水治理设施运行维护的主要内容有：

一是对接户设施及管网设施的维护，确保污水收集系统内管网系统完好通畅，运行正常，防止堵塞、破损等现象的发生，并注意管网沿线路段的卫生整洁，确保管道系统无私自接管、违章占压等违规现象。并对有损坏的管道，及时上报并修复。

二是对终端处理设施的维护，终端处理设施中各种构筑物及设备，包括集水池、阀门井、管道连通井、调节池、初沉池、厌氧池、缺氧池、好氧池、二沉池、人工湿地、出水井、提升泵、回流泵、反洗泵、MBR 处理设备、风机、流量计、控制柜、水质在线监测传感器等机电设备，运维过程中及时发现和处理异常情况，对出现的较严重的影响治理设施正常运行的问题，应及时报告并尽快修复，保证治理设施正常运行；三是维护治理设施终端场地的环境卫生、绿化养护等内容。如注意检查人工湿地内植物生长状况，并进行病虫害防治；及时补种和修枝剪叶，清除杂草、垃圾、污物；清扫终端现场周边及内部堆放的垃圾、污物，保持植物长势良好等多方面的内容。

5. 治理设施日常运维操作流程是怎样的？

农村生活污水治理设施日常运维操作流程可参照下图1－5进行。

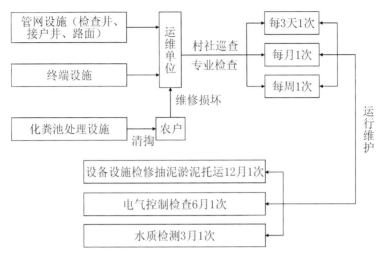

图1-6　农村生活污水治理设施日常运维操作流程

6. 治理设施污水处理后排放标准有什么规定？

农村生生活污水治理设施处理污水后的排放标准应符合《农村生活污水处理设施水污染物排放标准》（DB33/973-2015）中的相关规定，其水污染物最高允许排放浓度见表1-2。

表1-2　水污染物最高允许排放浓度

单位：mg/L

序号	控制项目名称	一级标准	二级标准
1	pH[1]	6-9	
2	化学需氧量（COD_{Cr}）	60	100
3	氨氮（NH_3-N）	15	25
4	总磷（以P计）	2	3
5	悬浮物（SS）	20	30

序号	控制项目名称	一级标准	二级标准
6	粪大肠菌群（个/L）	10000	
7	动植物油[2]	3	5

注1：无量纲。
注2：仅针对含农家乐废水的处理设施执行。

7. 水污染物的浓度一般采用什么方法测定？

农村生活污水处理设施水污染物浓度测定方法一般采用最新国家颁布的标准检验方法进行，具体可参照《水和废水监测分析方法》（第四版）（中国环境科学出版社）。常用的监测分析方法分别为：pH采用玻璃电极法、化学需氧量（COD_{Cr}）采用重铬酸盐法或快速消解分光光度法、氨氮（NH_3-N）采用水杨酸分光光度法、总磷（TP）采用钼酸铵分光光度法、悬浮物（SS）采用重量法、粪大肠菌群采用多管发酵法和滤膜法（试行）、动植物油采用红外分光光度法。

第二章　农村生活污水治理设施管网运行维护

第一节　日常运行操作

8. 接户管系统在日常维护时应注意哪些问题? 洗涤槽及连接软管应如何维护?

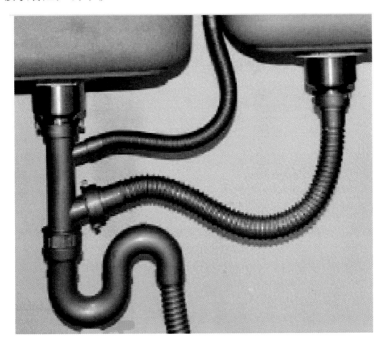

图 2-1　洗涤槽及连接软管

（1）定期检查接户管网，防止污水冒溢、私自接管、雨污混接以及影响管道排水的现象出现。

（2）规范接户管接法，对裸露的管道进行有效的包裹保护。

（3）检查洗涤槽连接软管外表保护钢丝有无磨损、扭曲、紧缩现象。

（4）检查洗涤槽连接软管两端的阀门有无松动及渗漏。

（5）检查洗涤槽连接软管两端的快接有无变形、扣耳有无掉落、扣销有无退出，接头封圈有无老化和变形。

（6）检查洗涤槽连接软管外表层胶皮、纤维层有无磨损、老化、内凹，有无大面积磨损、腐蚀现象发生。

如出现以上情况，则应及时修复或更换配件。

9. 户用暴露在外的管道，常用的保护方法有哪些?

（1）对暴露在外的管道尤其是 PVC 管材的立管应使用棉麻织物、塑料泡沫等保温、保护材料进行包扎，并保持其表面干燥、洁净。

（2）裸露在室外的管道，时间久了，会老化破裂，为延长其使用寿命，可在管道外面套上竹管。

10. 隔油池应如何做好日常维护管理工作?

隔油池是为油水分离安装的分离装置，它能将流进池内的油水混合物进行处理，应对其规范管理与维护：

（1）经分离后的油脂浮在隔油板一侧上方，这些浮油脂应及时定期清除，如果不定期处理油脂，可能外泄，若流到地面会造成环境污染，建议隔油池每周清除油脂一次。对于针对农家乐专门设置的隔油池，应加大清除油脂的频率。

（2）清理隔油池时，应安置警示牌或护栏，以确保安全，可采用工具挖去表面的油垢，然后把清出来的废物放入防渗的袋子或桶中统一处理，原则上不应该在池内留下任何油脂块，因为油脂块可能会造成淤塞。

（3）厨房所排出的废水可能会夹带一些比水重的固体废物，这些废物会沉积在隔油池的底部，形成一层沉淀物质。这些沉淀物质须及时清除，否则隔油池的效能会减弱。

（4）清理后迅速把隔油池的盖子盖好，并用消毒剂清洁周围环境。

（5）当清理户用型简易隔油池内油脂及固体物质时，应同时清理隔油池内附着在格栅板表面的固体物质及结垢物，确保过水孔水流顺畅。

特别说明，运行维护人员在在运行维护过程中要经常向农户提示讲解：隔油池清除废水中的油脂有限，过量的油污及废物必须尽量减少排入废水中。农户在清洗碗碟和煮食器具之前，应当把剩余的肮脏物抹去，并放入垃圾桶内；在洗涤或清洁预备食物前，提前把废物倒入垃圾桶内，尽量减少排入隔油池内废物量和油脂量。

图 2 - 2　隔油池

11. 化粪池的日常检查包括哪些内容?

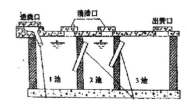

图 2-3 化粪池

通常情况下,在一户或者几户农户生活污水出户处设置化粪池,主要用于粪便污水预处理。一般粪便经3个月以上的厌氧降解后便可清掏出作肥料使用。化粪池的日常检查工作主要包括以下内容:

(1)检查池内水面漂浮物情况,如发现及时清理。

(2)检查池内水位及池体情况,确保池体无破损和渗漏,防止满溢。

(3)检查池底沉渣的沉积情况,如沉积情况严重应及时清理。

(4)检查检查井盖板上的垃圾、污物、杂物,井盖是否完好无损,是否安全。

(5)检查粪污管道和粪管连接井有无损坏、有无堵塞。

(6)查看是否做好安全标示,禁止在周边玩耍及燃放鞭炮。

12. 化粪池应如何进行定期清掏与清运?

池底清掏:一般对化粪池池底进行人工清渣,对打捞出的废渣进行无害化处理,禁止随意堆放。清掏周期的确定:①粪皮厚度>40cm;②底部浮渣距出水管高度<7.5cm;③底部污泥容积占50%;④表层(水面)距池顶高度<250cm;⑤污水处理效果变差;⑥化粪池溢流;如果上述情况均未发生,可按化粪池清掏

计划定期清掏；每年至少清掏一次。

定期清运：用抽粪车进行定期清运，防止满溢以及水面漂浮物固化结块堵塞管道。清理工作流程：用吸粪车一部，用铁钩打开化粪池的盖板，敞开 7min 后，再用竹杆搅动化粪池内杂物结块层；把车开到工作现场，套好吸粪车胶管放入化粪池内；启动吸粪车的开关，吸出粪便至化粪池内的化粪结块物吸完为止；盖回化粪池井盖，工作现场用清水冲洗干净。

图 2-4　吸粪车工作及化粪池清掏

13. 污水管道系统应如何日常维护管理？

对污水管道进行经常性维护检查，是保证排水畅通的重要措施。维护管理人员应经常检查以下内容：

（1）污水井口封闭是否严密，应防止物品落入。

（2）室外雨水口附近不应堆放砂子、碎石、垃圾等，以免下雨时堆积物随雨水进入管道内，造成管道堵塞。

（3）检查 HDPE 管、PVC 管、橡胶接头等是否有老化变性。

（4）每周排查管网系统中出现的漏、坏、堵、溢等异常现象，做到及时处理和修复，并做好相关记录。

（5）查看倒虹管、过障碍物管的畅通情况以及检查是否有工业废水排入管网情况。

（6）倒虹管的保护标志是否完好，字迹是否清晰。

（7）露天管道因日晒雨淋会出现老化、腐蚀、保温材料脱落的现象，应随时注意维护和修理。

（8）定期检查管道支撑是否存在松动、损坏、腐蚀或油漆脱落等情况。

（9）定期检查管道和反应池连接部分是否渗漏和腐蚀，反应池内管道是否出现腐蚀或损坏情况。

14. 污水泵站应如何日常维护管理？

部分农村生活污水由管网收集后通过污水泵站直接纳入市政污水处理厂进行处理，对于管网系统中污水泵站的维护，建议做好如下内容：

（1）泵站内集水池、格栅，每月清理一次，若污水杂物较多时，可缩短清理周期。

（2）定期巡查泵站集水池，如发现大片漂浮物等可能堵塞潜污泵叶轮的杂物及时清理。

（3）定期检查泵站内是否有渗漏、腐蚀现象，如有应及时上报并进行修复。

（4）如发现水泵出现频繁起停现象，检查泵站液位控制系统是否出现故障，如有及时修理。

15. 污水管道主要检查项目有哪些？

污水管道主要检查项目见表 2-1。

表2-1 污水管道主要检查项目

检查类别	功能状况	结构状况
管道状况	管道积泥	裂缝
	检查井积泥	变形
	排放口积泥	错口
	泥垢和油脂	脱节
	树根	破损和孔洞
	水位和水流	渗漏
	残墙、坝根	异管穿入
应急事故检查	渗漏、裂缝、变形、错口、积水等	

注：表中的积泥包括泥沙、碎砖石、团结的水泥浆及其他异物。

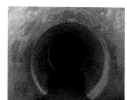

图2-5 管道变形、渗漏、脱节

16. 污水管道应如何清扫?

室外污水管道应定期进行清扫、疏通，确保水流畅通。清扫污水管道时，常用的方法有人工清扫和机械清扫等。较小管径污水管一般由人工用竹劈进行清扫，竹劈由上游检查井推入，在下游检查井抽出，反复推拉几次，将管内沉积物推拉松动，使其随水流冲走，或进入检查井内，用捣勺清除。较大管径污水管可采用机械方法清扫。操作时，先将竹劈穿通须清扫的管段，竹劈末端系上钢丝绳，钢丝绳上再拖以钢丝刷、铁簸箕或松土器等疏通工具，在清扫段两端检查井上面各设一架绞车或电动卷扬机，带动疏通工具往返清扫，直至将管内沉积物刮净。

17. UPVC、PVC 管道应如何维修?

管道损坏时须及时更换，更换方式可采用双承活接管配件进行更换。将损坏管段切断更换新管时，应注意将插入管段削成角形坡口，并在原有管段和替换管道的插入管端标刻插入长度标线。

若出现管道穿小孔或接头渗漏情况，则可采用以下两种方法进行维修:

一是套补粘接法。即选用同口径管材约20cm，将其纵向剖开，按粘接法进行施工，将剖开套管内面和被补修管外表面打毛，清除毛絮后涂上胶粘剂，然后紧套在漏水点上，再用钢丝绑扎固定在管道上，待胶水固化后即可使用。

二是玻璃钢法。即用环氧树脂加一些固化剂配制成树脂溶液，以玻璃纤维布浸润树脂溶液后再均匀缠绕在管道或接头漏缝处，使之固化后成为玻璃钢，即可止水。

18. 检查井主要巡检内容有哪些?

检查井主要巡检内容见表2-2。

表2-2 检查井主要巡检内容

外部巡检	内部检查
井盖埋没	链条或锁具
井盖丢失	井壁泥垢
井盖破损	井壁裂缝
井框破损	抹面脱落
盖、框高差	管口孔洞
盖框突出或凹陷	流槽破损

外部巡检	内部检查
周边路面破损	井底积泥
井盖标识错误	水流不畅
其他	浮渣

图 2 - 6　井盖丢失、破损

19. 清扫井应如何维护保养?

（1）定期清理积聚在清扫井内的油垢，防止油垢积聚在厨房的出水管内。

（2）清扫井每周检查一次，如发现油垢积聚量超过液体体积的三成，要立刻清理。

（3）在清理清扫井时，应确保无废水排入，清理时要小心、仔细，不应在清扫井内留下任何油脂块和杂物，否则会造成淤塞。

（4）清理出来的废物应不得随意丢弃或倾倒，清理时放入防渗的袋子或桶中，和其它厨房废物一并妥善处理。

（5）清理时应同时清理井内附着在格栅板表面的固体物质及结垢物，确保过水孔水流顺畅；清理后及时盖好井盖，并用消毒剂清洁周围的环境。

（6）不可将清扫井的废物弃置于厕所、雨水口、明渠或沙井内。

图2-7　清扫井清掏

20. 检查井如何保养？

主要工作：垃圾、积泥等杂物清理、井盖井壁维修。

具体操作：

（1）检查井清掏采用人工清掏，管道疏通根据管径和具体情况采用推杆疏通、射水疏通、绞车疏通、水力疏通或人工铲挖等方法。具体为：用铁钩打开检查井盖，人下到管段两边检查井的井底；用长竹片捅捣管内粘附物，用压力水枪冲刷管道内壁，用铁铲把粘在井内壁的杂物清理干净；用捞筛捞起井内悬浮物，防止其下流时造成堵塞；复原检查井盖，用水冲洗地面；将垃圾用竹筐或塑料桶清运至就近垃圾中转站。

（2）井盖缺失或损坏后，及时安放防护栏和警示标志，并应在8h内恢复。

（3）在清理过程时，须先对井通风后，在确保构筑物内的有毒、有害气体经充分稀释或排出后方可进入作业，以免发生事故。

图 2 - 8　修复检查井

21. 控制房具体维护内容和注意事项有哪些?

控制房的具体维护内容:

(1) 须定期到控制房内检查是否有水汽、凝露、发霉等现象发生,若有此类现象应及时清除。条件允许时可临时装上加热器和风扇,驱散潮气。

(2) 处理设施正常运行时或人员即将离开前,应及时关上控制房房门,定期清理控制房内灰尘。

(3) 注意检查窗户、换气扇等是否完好,对破损窗户、换气扇应及时进行维修更换。

(4) 定期对门锁进行全面检查,注意门锁紧固螺钉有否松动,如有松动应采取措施确保其紧固。

图 2-9 不同材质的控制房

不同材质的控制房平时维护时应注意的事项:

(1) 木制品材质控制房:定期做好清洁、维修和维护。日晒雨淋后要经常检查是否有木头腐烂、开裂、破损,油漆脱落等情况发生,还应注意防腐、防虫、防火,必要时可对腐烂、破损、开裂的地方进行修补,重新补漆处理。

(2) 碳钢材质控制房:

a. 必须保持碳钢结构表面的清洁和干燥,对易积尘的地方应定期清理。

b. 定期检查碳钢结构防腐涂层的完好状况,涂层损坏应及

第三章　农村生活污水治理设施终端运行维护

第一节　日常运行操作

26. 格栅井应如何日常维护管理?

（1）及时清除格栅栅网上悬挂的杂物，若发现栅网破损，立即更换。

（2）当汛期及进水量增加时，应加强巡视，增加清污次数。

（3）清捞出的栅渣应采用运营管理专门的塑料桶收集，收集后按照居民生活垃圾分类方式分类后可运送至附近的垃圾中转站集中转运或处理，不得随意倾倒。

图 3-1　格栅井及格栅

27. 格栅井应如何保养?

先将格栅集水池内的漂浮垃圾清除，再通过污水泵将格栅集水池中的污水排空，然后通过吸泥泵将集水池池底的污泥抽尽。

当集水池降至最低水位后，切断所有主机电源，逐一吊起水泵，放入小型移动式潜水泵继续抽水，同时用高压水枪冲淤和清洗池壁。检查水池裂缝和腐蚀情况、管道等腐蚀情况，若有必要进行防腐处理，检查管道稳固情况，作出详细记录后恢复生产。清池的同时应对起吊的潜水电机检查维护，清池后完成复位、放水运行。

另外，集水池浮球液位计及转换装置也要做到定期检查，并做好维修工作。

28. 集水池应如何日常维护管理？

（1）检查集水池水面漂浮垃圾及池底污泥积淤情况，及时清理，清理及处理方式参照格栅井的日常管理。

（2）检查集水池水位及池体情况，确保集水池无破损和渗漏。

（3）若发现井盖破损，及时更换。

图3-2 集水池垃圾清掏

29. 阀门井应如何日常维护管理?

应保证阀门井干净、整洁，不得有积水，如发现阀门井中存在垃圾、树叶等，应及时清理，清理后经分类运送至附近的垃圾中转站集中转运或处理，不得随意倾倒；如发现阀门井中有积水，应清除里面积水，保证阀门及连接管道干燥、干净、整洁；检查止回阀是否漏水或者止回的功能是否能正常发挥，如若漏水及时更换，如失去止回功能应查找原因，及时修复。

图 3 - 3　阀门井的维护

30. 沉砂池的运行管理要点有哪些?

（1）定期查看沉砂池运行情况，发现故障应及时进行维修更换。

（2）沉砂池浮渣应及时清理打捞。

（3）定期对沉砂池池底的积砂进行排砂处理，排出的砂子纳入生活垃圾处理系统。

31. 调节池的运行管理要点有哪些?

调节池是为了保护污水处理系统免受污水高峰流量或浓度变

化冲击，在污水处理系统前端设置的污水池。调节池的主要作用是均衡污水的水质和水量，同时还有沉淀、混合、预酸化等功能。

调节池的运行管理要点如下：

（1）尽管调节池前一般都设置格栅等设施，但池中仍然有可能积累大量沉积物，因此应及时将这些沉淀物清除，以免减小调节池的有效容积影响到调节的效果以及对后续处理设施造成不良影响。

（2）经常巡查、观察调节池水位变化情况，定期检测调节池进、出水水质，以考察调节池运行情况和调节效果，发现异常问题要及时解决。

32．初沉池应如何做好日常运行检查？

检查初沉池水面漂浮垃圾情况，及时清理，并妥善处理，清除物不得随意倾倒；检查初沉池水位及池体情况，确保初沉池无破损和渗漏；检查初沉池进水口前端的流量计情况，如发现异常，当即查找原因，及时处理；当发现初沉池内污泥淤积厚度达到30～50cm以上时应及时采取措施排泥，排出的污泥应妥善处理，不得随意倾倒。

33．厌氧池应如何做好日常运行检查？

（1）检查厌氧池水位及池体情况，确保厌氧池无破损和渗漏。

（2）检查厌氧池进、出水口情况，防止进、出水口堵塞。

（3）检查污泥回流管，确保污泥回流管无破损和渗漏情况，同时检查污泥回流管口处是否有污泥干结，如果有应及时清理，防止回流管堵塞。

（4）检查厌氧池水体是否有大量悬浮的活性污泥，如果有则应当进行以下操作：

a. 适当减少污水进水量（通过调节阀门井中水泵阀门）。

b. 减少污泥回流量，调小污泥回流管阀门开度及缩短回流时间。

c. 如果以上两种方法试过后，仍然存在这种情况，则可适当向厌氧池中添加絮凝剂（如聚铝等）。

（5）检查厌氧池水体中是否有大量泡沫，如果有大量泡沫，则说明污水处理不彻底，有两种情况可能造成该现象：

a. 进水负荷过大对系统造成冲击。

b. 厌氧池在污泥酸化（解决方法：先测 pH 值，根据 pH 值添加适当量的氢氧化钠水溶液）。

（6）根据水位判断是否因填料脱落造成管道及过水孔堵塞。

（7）检查有无蚊蝇害虫和臭气。

（8）定期检测水质指标。

34. 好氧池应如何做好日常运行检查？

（1）检查好氧池水位及池体情况，确保好氧池无破损和渗漏。

（2）检查好氧池进出水口情况，防止进出水口堵塞。

（3）检查好氧池水体中活性污泥量，如果发现水体活性污泥量明显偏多，则有可能发生活性污泥膨胀，原因如下：

a. 有可能是长期曝气量偏大或者偏小造成的（解决方法：根据曝气情况，调节曝气管阀门开度）。

b. 有可能是水温过高（解决方法：测量水温，增大曝气量和进水量）。

c. 有可能是营养不足（解决方法：利用便携式 COD 测量仪测试好氧池的 COD 情况，如果 COD 值偏低，则应当向好氧池添加营养液）。

（4）检查好氧池水体中是否存在大量白色泡沫，如果有，原因可能是曝气量过大（解决方法：减少曝气量）。

（5）检查好氧池中填料的挂膜情况，若填料上的生物膜生长情况好的话，填料上挂膜则均匀，不易脱落，不显累积。

（6）当好氧池中水温较低时，应采取适当延长曝气时间、提高污泥浓度、增加泥龄等方法，保证污水的处理效果。

（7）检查好氧池中曝气装置的运行和固定情况，发现问题，及时修复。

（8）检查好氧池曝气周期是否正常，发现异常及时调整。

（9）检查好氧池中污泥浓度、SVI等指标，如发现异常分别采取相应措施。

35. 厌氧池、缺氧池、好氧池应如何保养？

当活性污泥的浓度达到正常运行时浓度后，每年须对池底进行一次清淤。先用捞网将各池水面的漂浮垃圾清除干净，然后用污水泵将池中的上清液提升至沉淀池中，再通过吸泥泵对池底清淤，同时清理进出水口。或采用自吸泵抽泥，将直径大于50mm的硬质管道插入池体底部，开启自吸泵，将底层污泥排出，排出的污泥可用作农作物肥料，或卫生填埋，或采用其他方式资源化利用，不得随意倾倒。当单个池体较大时，应实施多点抽泥，达到排出剩余污泥的目的。

值得注意的是，池体中污泥不能全部清除完，应保证污水正常运行时活性污泥的浓度，清理工作完成后，视情况可对池中污泥投加营养物质进行驯化培养，确保池中的污泥量。

36. 曝气管、填料应如何保养？

曝气管保养方法：

将勾兑好的草酸溶液（一般为1∶10）注入曝气管主管道，液体顺着主管道流入分布的曝气支管中，让曝气管在酸水中浸泡两三天，然后加大风机的出气量，将酸水排出即可。

填料保养方法：

微动力一体化设备中厌氧池、缺氧池、好氧池一般都设填料，填料一般选用悬浮填料或悬挂式组合填料、生物弹性填料等。有填料的池体在清淤时，要检查填料是否粘结、大量脱落或填料支架断裂情况，如果出现大量粘结、脱落或填料支架断裂，则应当对填料进行更换处理，对填料支架进行维修。

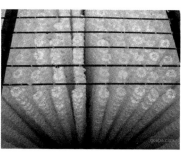

图 3-4 污水处理使用的填料

日常维护：定期检测污泥沉降比 SV30，目检填料的生物生长情况，建议 3 月一次。生活污水 SV30 一般在 15%～30%，如出现异常情况应分析原因并选择相应对策：

（1）活性污泥负荷过大，导致污泥沉降性能降低，应发挥调节池作用，均匀水质提高活性污泥浓度。

（2）活性污泥老化，导致沉降比异常降低，应根据负荷调整活性污泥浓度，排出部分污泥。

（3）活性污泥膨胀，详见污泥膨胀对策。

（4）进水含大量无机悬浮物，导致活性污泥沉降的异常压缩，可适当在调节池投加絮凝剂，并加强排泥。

37. 太阳能微动力设备应如何做好日常运行检查及维护？

（1）每周应检查运行中的电气设备运行是否正常，是否按照设备使用说明的要求进行日常维护，并记录回流泵、提升泵、风机等电气设备的运行情况；每三个月应至少吊起一次潜水泵，检查潜水电机引入电缆，测量电机线圈的绝缘电阻；每半年应检测电机线圈的绝缘电阻；设备出现故障时，应及时进行维修或更换，长期不用的水泵应吊出集水池存放，设备出现故障时，应及时进行维修或更换。

（2）电气设备日常检查，应填写检查记录，特殊情况应增加检查次数。电气设备运行中若发生跳闸，在未查明原因前不得重新合闸运行；设备或仪表出现故障时，应及时上报并进行维修或更换。

（3）定期检查太阳能电池组件板间连线是否牢固，方阵汇线盒内的连线是否牢固；检查太阳能电池组件是否有损坏或异常，如破损，栅线消失，热斑等；检查太阳能电池组件接线盒内的旁路二极管是否正常工作。当太阳能电池组件出现问题时，及时更换，并详细记录组件在光伏阵列的具体安装分布位置。

（4）定期检查太阳能设备中逆变器与其它设备的连线是否牢固，检查逆变器的接地连线是否牢固；检查控制器、逆变器内电路板上的元器件有无虚焊现象、有无损坏的元器件；如发现相关问题，应及时修复。

（5）如遇台风、暴雪等自然性突发灾害，应提前关闭水泵、风机电闸，灾后及时重新开启并检查运行情况，若损坏，应及时更换；电缆的绝缘性能必须满足运行要求，电缆终端连接点应保持清洁，相色清晰，无渗漏油，无发热，接地应完好，埋地电缆保护范围内应无打桩、挖掘、种植树木或可能伤及电缆的其它情况。

38. 沉淀池应如何做好日常运行检查？

（1）检查沉淀池中水位及池体情况，确保池体无破损和渗漏。

（2）检查沉淀池的进出水口情况，防止进出水口堵塞。

（3）检查沉淀池池底污泥情况，如果污泥量多，则应当进行排泥。

操作人员在日常巡检过程中应按要求填写巡检记录表。

39. 沉淀池应如何保养？

（1）沉淀池浮渣清理

沉淀池在正常运行时会产生一定量的浮渣，长时间不处理可能产生异味，同时影响感官，所以须定期对沉淀池巡查清理。

（2）沉淀池异常情况处理

a. 如果沉淀池有大块污泥上浮，但污泥不发黑、发臭，则说明沉淀池内污泥发生反硝化，这时应加大污泥回流量，降低好氧池内的曝气量，同时用清水对池面的浮渣进行喷水，把浮渣清理干净。

b. 如果沉淀池局部污泥大块上浮且污泥发黑带臭味，则说明沉淀池中存在死区，死区内污泥在污泥泵定期排泥时无法抽出，则需人工对死区进行清理。

（3）沉淀池定期清泥

采用自吸泵抽泥。排出的污泥可用作农作物肥料，或卫生填埋，或采用其他方式资源化利用，不得随意倾倒。

40. 生物滤池的维护应注意哪些方面？

（1）定期检查进出水口，观察滤池情况，及时调整水量。

（2）定期查看滤池填料，发现问题及时清洗更换；定期观察生物膜生长和脱膜情况，一旦发现微生物膜颜色不均匀、微生物膜脱落不均匀等情况，应及时调整布水、布气的方式，并保证布水、布气均匀。

（3）定期维护保养布水管、风机和阀门等组件。由于生物滤池采用布水管布水，所以布水管的堵塞会使污水在滤料层中分配不均，结果滤料层受水量影响发生差异，会导致微生物膜的不均匀生长，进一步又会造成布水布气的不均匀，最后使处理效率降低。

41. 人工湿地、稳定塘应如何做好日常运行检查？

（1）人工湿地

a. 垂直流人工湿地应定期检查布水管出水是否顺畅，若出水不顺畅应及时清理布水管布水孔，定期检查集水管是否能顺畅收水，若不能，则采用水泵进行反冲洗。

b. 水平流人工湿地应定期检查进水口、出水口是否堵塞导致水位抬高，若有及时疏通进出水口管路。

c. 潜流人工湿地应控制污水进入人工湿地系统的悬浮物浓度，如发现进水中悬浮物浓度过高，则应采取措施降低进水悬浮物浓度。

d. 定期检查表层填料是否有黑色物质堆积，若有应立即清洗或更换表层填料。

e. 根据水质情况和湿地维护情况，定期更换或清洗达到饱和状态的填料，更换时应暂停人工湿地的运行。

f. 定期观察进出水水量，检查人工湿地池壁是否有裂纹，若有及时修补。

g. 严禁人工湿地表层覆土，防止堵塞。

（2）稳定塘

a. 定期检查稳定塘的水深、底部污泥沉积情况、植物生产状况、水体表面漂浮物情况；稳定塘运行一段时间后，应进行清淤，清淤周期根据出水水质情况及稳定塘维护情况确定。

b. 及时清理稳定塘内枯萎、衰败的植物残枝落叶。

c. 及时打捞稳定塘表面的漂浮杂物。

42. 人工湿地应如何保养？

（1）进出水槽的清理

图 3 - 5　运行中的人工湿地

　　长时间运行下，人工湿地的进出水槽会积累一定量的污泥，同时槽边也会长出绿苔等生物。如长时间不清理，不但积泥会影响人工湿地的配水和排水效果，也会影响美观。因此须定期对其进行检查和清理，清理期限为一年 1 至 2 次。具体操作为停止进水，排出湿地积水，将水槽内污泥、槽边苔藓等生物清理干净，清理效果为肉眼无明显可见积泥及生物苔藓即可。

　　（2）进出水管路维护

　　巡视人工湿地时，要查看进水情况，如果有异常，应检查进水管是否堵塞。由于污水中含有大量悬浮物，进水流速较慢时可沉积在进水管内部引起堵塞。如果发现人工湿地整体水位升高甚至出现整体壅水情况，则检查出水系统是否通畅。湿地出水管堵塞的主要原因是悬浮物日积月累堵塞填料层、下部集水层或出水管路。一般情况下，可用高压水枪或其他方式冲洗进出水管，去除堵塞物。

　　（3）人工湿地植物的管理

　　人工湿地之所以有很好的污水净化效果，很大一部分功能来自于湿地植物"根区"微生态环境，在湿地植物"根区"聚集着大量的微生物，这些"根区"微生物能够降解水体中的污染物质，同时，湿地植物本身也能吸收污水中部分污染物作为自身生长所需的营养物质，从而达到去除污水中污染物的目的。但是人工湿地植物都有一定的季节性，如冬天有些植物会枯萎，如果让这些植物残体仍然停留在人工湿地内，残体腐烂后产生的污染

物势必会再次进入水中，因此须对湿地植物进行定期收割，一般
每年进行2次，一次在春季3、4月，一次在秋季10、11月，收
割后的植物不得随意堆放，可作为柴火，也可混合污泥堆肥利
用。另外，还应注意病虫害、缺株、杂草竞争等问题，如出现异
常情况造成湿地植物大面积死亡，应进行人工补种。

人工湿地应定期巡查，及时修剪枯黄、枯死和倒伏植物，及
时清除植物周围的杂物或垃圾。另外应尽量避免除草剂、杀虫剂
等药剂的使用，因为部分药剂会流失进入附近受纳水体，进而影
响附近水体的生态功能和系统平衡，甚至还可能对出水水质产生
不利影响。可通过调节水位、长期或短期降低负荷、种植适宜性
植物、移除杂生植物等措施进行植物维护和管理。

图3-6 人工湿地植物收割

（4）恶劣天气运行管理

暴雨及冬季低温对人工湿地植物生长不利。夏季暴雨频发，
暴雨过后，应及时扶培倒伏的湿地植物，排除人工湿地系统积

水。

冬季低温情况下，可采用植物覆盖、塑料薄膜覆盖、增加滤层厚度、塑料大棚等有效的保温措施，确保人工湿地处理效果。

（5）填料管理

人工湿地中填料级配应保持恒定，加强填料表面的卫生清洁工作，如出现堵塞，须采取干湿交替的运行方式，或停止人工湿地进水、及时清理表面的垃圾、泥块、枯枝败叶等杂物、更换填料并补栽植物等有效措施。

图 3 - 7　施工过程中人工湿地填料控制

（6）蚊蝇的控制

由于蚊子能够传染疾病，影响人类健康，通过加强湿地植物的管理来控制蚊蝇，必要时可以在蚊蝇产卵的季节使用杆菌杀死蚊卵，或使用能够导致蚊子幼虫发育衰减的激素来控制蚊蝇；同时结合其他的自然控制方法，如造蝙蝠穴和构筑燕巢引来燕子和蝙蝠来控制蚊虫也非常有效。

（7）野生生物的控制

人工湿地处理系统正常运行后，会慢慢出现一些野生生物，如鸟类、昆虫等，还也可能出现对湿地系统及周围环境带来不良影响的野生生物如麝鼠等啮齿类动物，对此类会带来不良影响的动物必须加以控制，可采用捕鼠夹来诱捕。同时病虫害的防治也非常重要，避免施用农药，可以在湿地附近营造一些鸟巢，吸引麻雀或燕子等鸟类入住，这些天然的捕食者可以在控制昆虫中发挥积极的作用。

（8）除杂草、杂物

人工湿地处于自然开放系统中，湿地系统难免会滋生杂草。杂草将与湿地植物竞争阳光、养分，对湿地植物生长有不利影响，因此，应当及时清除杂草。另外，湿地植物在生长过程中产生枯枝落叶将会散落在湿地系统中，为防止枯枝落叶腐烂污染流经湿地水体，应当及时清除此类杂物。

（9）湿地定期排水

在湿地日常运行中，建议可定期将湿地池排干一次，使湿地池处于晾干状态，便于空气深入到湿地池内部，促进好氧微生物的生长繁殖及提高活性，加快降解填料中沉积的有机物，同时由于系统停止进水，微生物新陈代谢需要的各种营养物质得不到持续的补充，填料中的微生物会逐渐进入内源呼吸期，同时也可消耗累积在填料中的有机物，利于湿地的长期运行，并降低湿地填料发生堵塞的几率。

43. 人工湿地填料的选择和设置有哪些规定？

（1）人工湿地填料应能为植物和微生物提供良好的生长环境，应具有较强的机械强度，较大的孔隙率、比表面积和表面粗糙度，以及良好的生物和化学稳定性。

（2）填料可采用碎石、砾石、粗砂、火山岩、沸石、矿渣、炉渣、陶粒等材料加工制作，亦可采用经过加工和筛选的碎砖瓦、混凝土块等材料，宜就近取材。

（3）潜流人工湿地的填料层可采用单一材质或几种材质组合，填料粒径可采用单一规格或多种规格搭配。由上部喷流布水时，宜在布水范围内局部铺设厚 0.5m，粒径 8.0mm ~ 15.0mm

的砾石覆盖层。

（4）水平潜流人工湿地的填料铺设区域分为进水区、主体区和出水区。进水区长度宜为 1.0m ~ 1.5m，出水区长度宜为 0.8m ~ 1.0m。垂直潜流人工湿地按水流方向，填料依次为主体填料层、过渡层和排水层。

（5）在人工湿地进水口、出水口处等位置可填充具有吸磷功能的填料，强化除磷效果。吸磷填料的级配应与主体填料的级配一致。

（6）潜流人工湿地填料应采取防止填料堵塞的措施。在保证净化效果的前提下，宜采用直径相对较大的填料，进水端的设计形式应便于清淤。

（7）人工湿地填料层的填料直径、填料深度和装填后的孔隙率，可按《浙江省生活污水人工湿地处理工程技术规程》中规定的内容选定。

44. 人工湿地植物的选择和设置有哪些规定？

（1）人工湿地植物宜选择耐污去污能力强、根系发达、输氧能力强、抗冻和抗病虫害、收割与管理容易，经济价值高和景观效果好的本土植物。

（2）人工湿地的植物可由一种或几种植物搭配构成。配置时应根据植物的除污特性、生长周期、景观效果、环境条件等因素确定其品种和空间分布。

（3）人工湿地常用的植物为风车草、美人蕉、芦苇、香蒲、菖蒲、再力花、水葱、灯心草、茭白、黑麦草等挺水植物。在表面流人工湿地适宜选凤眼莲、浮萍等漂浮植物，睡莲、萍蓬草等浮叶植物。

（4）人工湿地植物的种植时间应根据植物生长特性确定，宜选择在春季或初夏，也可在夏末或初秋种植。植物种植时池内应保持一定水深，植物种植完成后，逐步增大水力负荷使其驯化适应处理水质。

（5）人工湿地植物的种植密度不应小于 6 株/m²，潜流人工湿地植物的种植密度宜为 9 株/m² ~ 25 株/m²。植物株距宜取 0.2m ~ 0.5m，可根据植物种苗类型和单束种苗支数进行适当调整。

45. 膜生物反应器经常性检查的项目有哪些？

膜生物反应器运行维护的关键在于膜污染控制。膜生物反应

图 3 - 8　MBR 常规检查

器运行管理的关键控制参数包括 MLSS、溶解氧、膜过滤流速。膜生物反应器运行管理过程中，经常性检查的项目主要包括：

（1）跨膜压差。跨膜压差突然上升表明膜存在一定程度堵塞，须进行膜清洗。

（2）曝气气泡。观察曝气气泡均匀性，发现曝气气泡不均匀时，检查曝气装置出气孔是否堵塞，检查安装情况，检查鼓风机及调整空气量。

（3）污泥指标。观察污泥颜色与气味，正常的污泥为黄褐色，具有土腥味，污泥性状异常时，应请专业人员进行维护。

46. 膜生物反应器应如何维护保养？

（1）清洗反应器及膜组件。

（2）出水管的更换，一般是 3 年一换。

（3）清洗曝气管及曝气器。

（4）严禁在不开膜曝气或气量达不到设计要求的情况下使用 MBR 膜自吸泵。

膜生物反应器检修和维护专业性极强，必要时必须请专业人员或联系设备供货厂家进行。

图 3-9　MBR 膜

47. 出水井及排放口应如何做好日常运行检查?

出水井应保持干净、整洁,井底及井壁应光洁,井底不得有淤泥沉积;及时清理出水井中漂浮的垃圾、树叶及内壁上附着的生物膜;每周对终端出水水质和水量进行观察记录,如发现进出

图 3-10　清洗干净的出水井

图 3-11　排放口

水水质、水量异常，影响正常运行的，应立即采取措施及时排查检修。

排放口是污水经处理后最终的排放位置，安装有视频监控设备的处理设施一般监控此位置。对排放口的检查应做到环境卫生整洁、及时清理排放口周围的杂草，应保护出水口可见部分管壁内外表面干净、整洁，无明显沉积物沉积。

48. 污泥应如何处置？

安装有排泥泵的处理设施，可以利用排泥泵将剩余污泥排出；未安装有排泥泵的处理设施，定期利用吸粪车对污泥进行抽吸。厌氧、兼氧、好氧等各构筑物中的污泥清理基本通过吸粪车来完成，清理出来的污泥可用作农作物生长的肥料，或直接卫生填埋，也可采用其它方式资源化或无害化处理，不得随意倾倒

第二节　电气设备维护保养

49. 水泵应如何日常维护管理？

（1）检查水泵是否有异常噪声或振动。

（2）检查各部分螺栓、连接件是否有松动，如有松动的要加以紧固。

（3）检查进出水阀门是否开启。

（4）检查泵的工作状况、泵堵塞情况及泵坑中污泥蓄积情况。

（5）由于格栅及污水泵均安装在格栅集水池中，故检查水泵运行状况的同时，要检查格栅前的浮渣情况及格栅栅渣情况。

（6）检查与水泵连接的水管是否有脱落或者漏水情况。

（7）检查水泵是否漏电，是否可以正常启动，流量是否正常。

（8）泵的手动的检查：将电控柜中对应控制水泵的控制开关扭转到手动位置，同时按下手动按钮，查看泵的开关情况。

图 3 - 12　水泵检修

50．水泵在起吊和下放过程中应如何操作？

首先将切换开关转入"停止"状态、断开电源，然后只能对起吊绳索进行提拉起吊或下放，不得对水泵电源线进行提拉，提拉过程中应缓慢进行，不得大幅度晃动提拉绳，以免水泵撞击池壁发生损坏。同时注意电源线不得缠绕提拉绳。

51．污水泵使用时有哪些注意事项？

污水泵通常指的是污水治理终端设施中污水提升泵、混合液回流泵、污泥回流泵、排泥泵等，使用时注意的事项有：

（1）污水泵使用时，如想调整污水泵位置或有触及污水泵的动作时，必须先断开电源，以防水泵损坏或发生意外事故。

（2）严禁撞击、碾压电缆，更不可将电缆作为起吊绳之用，污水泵在运行过程中，不得随意拉动电缆，以免因电缆损坏发生触电事故。

（3）污水泵工作时，严禁将电缆线头或插座置于潮湿的地方或潜入水中，如因加长接线等需要，应严格将接线头处密封包好，以防渗水漏电。

52．反洗泵应如何维护保养？

反洗泵指的是污水处理过程中进行反洗的水泵，如 MBR 反洗泵等，其保养的内容主要有：

（1）泵在启动前打开进出口阀、并进行灌液，灌液时先松开灌液口螺栓，然后向泵体灌注满清水后，再上好螺母。严禁水泵在无水情况下运行。

（2）停机时，先关闭出口调节阀后断电源停机。

（3）水泵严禁在关死出口阀的情况下运行，不能频繁启动，否则会严重受损。

（4）水泵如果长时间不用，要排净泵体里的水，用清水冲洗干净，以免天气过冷，结冰会损坏泵体。

（5）如发现泵有异常声音，应立即停机，检查原因。

53．污水提升泵应如何维护保养？

污水提升泵每 3 个月进行 1 次维护保养，每年进行一次全面的预防性检修，其主要内容如下：

（1）检查污水提升泵管路及结合处有无松动现象。

（2）污水提升泵电缆检查，若破损请给予更换。

（3）检查污水提升泵叶轮磨损情况，磨损严重则要更换叶轮。

（4）检查污水提升泵轴套的磨损情况，磨损较大则要更换。

（5）检查电机绝缘及紧固螺钉，若紧固螺钉松动请重新紧固。

图3-13　污水提升泵维护保养

（6）污水提升泵使用半年后，应检查油室密封状况，更换10#~30#机油，必要时更换机械密封件，对于在工作条件恶劣的情况下使用的污水泵应经常检修。换油方法如下：把泵放置好，使油室螺塞（位于出水口内侧）朝下，放出润滑油，然后用洗涤油清洗油室，重新注入适量的油（70%~80%），更换新的O型圈并将螺塞拧紧。

（7）污水提升泵在正常使用2000h后，应按下列步骤对污水泵进行维修保养：

拆机：检查各易损件，如机械密封、轴承、叶轮等，如有损坏应进行更换。

气密性试验：拆机修理或更换密封后，必须对电机腔和密封腔进行气密性试验，试验气压为0.2MPa，历时3min应无渗漏及冒汗现象。

换油：拧下油室处的加油螺钉，换进10号机械油（油室腔注满）。

（8）污水提升泵长时间不用，不宜浸泡在水中，应放在清水中通电运行数分钟，清洗泵内、外凝结物，然后擦干，进行防锈处理，置于干燥通风处。对于使用时间较长的污水提升泵应根据其表面腐蚀情况重新涂漆、防锈。

（8）如果有一台水泵进行维护，则将该泵的电源切断，并将该泵的选择开关打到空挡，同时按下就地控制箱上的紧急停车按钮，以确保安全。

（9）备用水泵：每月至少进行一次试运转。环境低于 0℃ 时，必须放掉泵壳内的存水。

（10）定期检查操作报警系统。

54．阀门应如何日常维护管理？

（1）检查阀门和阀体是否发生泄漏、损坏或移位，检查内容包括密封圈、螺母和主轴等。

（2）金属阀门，查看阀门表面是否有锈斑。

（3）做好阀门巡检工作，防止阀门埋没。

（4）长期闭合的阀门，有时在阀门附近形成一个死区，其内会有泥沙沉积，这些泥沙会对阀门的开合形成阻力。如果开阀的时候发现阻力增大，不要硬开，应反复做开合动作，以便沉积物随着水流作用被冲走，在阻力减小后，再打开阀门。同时如发现阀门附近有经常积沙的情况，应时常将阀门开启几分钟，以利于排除积沙。对于长期不启闭的闸门与阀门，应定期运转一次，以防止锈死或者淤死。

（5）定期对相应的阀门井进行检查，对积土、杂物过多，影响正常启闭操作的阀门井应及时进行清理，直至不影响启闭操作，保证阀门有良好的运行环境和充分的操作空间。

（6）必要时对全部阀体、阀门、连接部件和盖板等进行防护或再油漆。

55．阀门应如何保养？

（1）发现缺油应及时补充，增加润滑，以防由于缺少润滑剂而增加磨损，或卡壳失效等故障。

（2）对因失油，导致轴承损坏，甚至轴承掉落卡在蜗轮蜗杆致阀门启闭困难，甚至无法启闭的，应通过拆卸蜗轮部，及时对相关的轴承进行更换，以及对蜗杆进行修复，确保阀门启闭轻便。

（3）拷铲、油漆、注油润滑、更换零件等重要保养每年一次。

（4）做好阀门历次启闭操作记录，阀门定期周检的启闭记录等记录。

（5）闸阀：定期检查阀杆密封情况，必要时更换填料，润

图 3-14　阀门维修保养

滑点的润滑剂加注，若为电动闸阀则应检查限位开关、手动和电动的连锁装置；若长期不动的闸阀应每月做启闭试验。

（6）止回阀：每月一次调试缓闭机构、加注润滑油。

56．风机日常应检查哪些内容？

（1）检查风机是否有异常噪音，进风口是否有堵塞情况。

（2）检查风机的紧固情况及定位销是否有松动现象。

（3）检查风管是否有漏气、破损。

（4）检查机油是否适量、三角带是否完好。

（5）检查好氧池中曝气的均匀度，如果发现曝气不均匀，则有可能是曝气机曝气口存在堵塞情况。

（6）同时还要检查风机的润滑系统、自控系统、供电系统、空气过滤系统、保护系统、管路闸门、减振隔音系统等是否处于正常状态。

当风量不正常或检修后应增加巡检频率。操作人员在日常巡检过程中应按要求填写巡检记录表。

57．风机应如何保养？

定期对风机进行保养可确保风机的运转更加可靠。每 3 个月应对风机进行一次保养，操作人员在日常维护过程中应按要求填写维护记录表。

具体日常保养内容如下：

（1）检查风机的磨损情况，更换所有磨损的组件。

（2）检查所有螺钉接头处，并进行紧固。

（3）检查风机电机油量与油的状况（通过拆卸放油螺钉来检查油的状态，对油状态的检查可以了解是否有油泄漏）。

（4）检查定子腔中是否有液体出现（如有泄漏，定子腔会受压，用一块布遮住螺钉以免油溅出来；如果定子腔中渗入液体，倾斜设备以便定子腔中的液体流出。出现此种情况则应当检

图 3 – 15　风机维护保养

查螺塞是否拧紧，检查电缆入口是否泄漏，如果有则可能是内部
密封已损坏，应当更换密封装置）。

（5）检查电缆入口与电缆状况（电缆外皮破损，及时更换
电缆）。

（6）检查风机叶轮的旋转方向。

（7）检查电绝缘情况。

（8）检查三角带松紧断裂情况。

（9）检查并清理空气过滤器。

（10）检查皮带损耗情况，必要时更换皮带。

（11）更换为检查而拆卸的所有 O 型密封圈。

（12）风机及周边区域的清洁工作。

（13）风机在运行中，操作人员应注意观察风机及电机的油
温、风量、电流、电压、噪音等，并每天记录一次，遇到异常情
况不能排除时，应立即停机。

58．小型污水处理终端增氧泵如何保养?

（1）增氧泵应放置在较平稳的地方，周围环境应清洁、干燥、通风，最好放置在室内或控制柜内。

（2）增氧泵叶轮旋转方向必须与风扇罩壳上所标箭头方向一致。

（3）增氧泵工作时，工作压力不得大于该型号额定最大气压，以免使气泵产生过大的热量和电动机超电流引起气泵损坏。

（4）增氧泵进出气两端的过滤网和消音装置应根据情况适时清洗，以免堵塞影响使用。

（5）增氧泵进、出气口外联接必须采用软管联接（如橡胶管、塑料弹簧管）。

（6）增氧泵轴承的更换：更换轴承必须由专业人员操作。先拧松泵盖上的螺钉，然后按图示顺序逐一拆卸零件，拆下的零件应经过清洗，然后按反顺序装配。拆卸时，不能硬撬叶轮，应用专用拉马拉出，同时不要遗漏调节垫片，以免影响出厂时已调节器好的间隙。

（7）严禁固体、液体及有腐蚀性气体进入泵体内。

59．风机维护应注意哪些问题?

（1）必须在供给润滑油的情况下才能盘动联轴器。

（2）清扫通风廊道、调换空气过滤器的滤网和滤袋时，必须在停机的状态下进行，并采取相应的防尘措施。

（3）操作人员在机器间巡视或工作时，应偏离联轴器。

60．pH 传感器应如何维护保养?

（1）校正准备

测试与校准前应对传感器做一些准备工作如下：

a. 测试前取下电极上装有浸泡液的保护浸泡瓶或橡胶套，将电极测量端浸在蒸馏水中搅拌清洗，然后取出电极，用滤纸吸干残留蒸馏水。

b. 观察敏感球泡内部是否全部充满液体,如发现有气泡,则应将电极测量端向下轻轻甩动(像甩体温计),以清除敏感球泡内的气泡,否则将影响测试精度。

(2)传感器清洗

电极经长期使用后,电极的斜率和响应速度或有降低。可将电极的测量端浸在4% HF 中 3～5s 或稀 HCl 溶液中 1～2min。然后用蒸馏水清洗之后在氯化钾(4M)溶液中浸泡24h 以上使之复新。

图 3-16 传感器清洗

(3)传感器的保存

电极使用间歇期,请将电极测试端用蒸馏水清洗干净。电极如较长一段时间内不使用;应将其漂洗干净,吸干残留的蒸馏水,放入所附的装有浸泡液(KCl)的浸泡瓶或橡胶套内存放。

(4)传感器损坏检查

检查传感器外观，玻璃泡是否有破损，如有破损要及时更换传感器。被测溶液中如含有易污染敏感球泡或堵塞液接界的物质而使电极钝化，现象是响应速度明显变慢，斜率降低或读数不稳。如此，则应根据污染物的性质，选用适当的溶剂清洗，使之复新。污染物和适当的清洗剂详见下表。

表3-1　污染物清洗剂参考表

污染物	清洗剂
无机金属氧化物	稀 HCl 溶液
有机脂类物质	稀皂液或洗涤剂
树脂、高分子烃类物质	酒精、丙酮、乙醚
蛋白质血球沉淀物	酸性酶溶液
染料类物质	稀次氯酸液

61. 电导传感器应如何维护保养？

（1）校正准备

测试前取下传感器上装有浸泡液的保护浸泡瓶或橡胶套，将传感器浸入蒸馏水中洗净，然后取出轻轻吸干水分（注意千万不要用力擦敏感元件部分），此时电极就可以使用了。

（2）传感器清洗

电导电极使用前应在蒸馏水中浸泡 30min，以防止电极测量元件表面的惰性。

（3）传感器的保存

电导电极不能用硬物接触其测量元件表面，电镀铂黑的电导电极更不能用任何物品擦其铂黑表面，否则将改变其原有的电导常数及影响测量范围。

（4）传感器保养

如果电极测量元件表面被污染的话，可将电极测量部分浸泡在淡洗涤剂或弱酸中 15min，然后再用蒸馏水将电极清洗干净。大多数的电极镀上一层铂黑是为了达到较好的测试性能，如果不能准确工作的话，则应该重新再镀铂黑。镀铂黑的溶液时用 1% 铂氯酸加 0.2% 醋酸铝配置而成，电极测量端浸入此溶液后控制电解电流每片约 5mA 左右，5min 即可。

62. 溶解氧传感器应如何维护保养？

（1）传感器的清洗

重要提示：不要用有机溶剂如丙酮或甲醇擦洗探头，以免破坏探头塑料表面。

叶绿素探头需要周期性的维护，擦去附着在其表面的污染物，如油、浮游植物、污泥等。传感器的维护应该在每个测量周期（长期在线测量）后进行，测量周期应该根据测量区域的污染程度调整。校准前后也应该维护探头。用清水冲洗整个探头，用肥皂水和软刷擦去仪器表面的附着物。把整个仪器泡在清水中至少 5min。观察探头的光学窗口，用擦镜纸或无尘布或棉签沾肥皂水清洗探头的光学窗口，然后用清水冲洗。清洗时注意荧光帽上的荧光膜不要损坏。

建议每隔一段时间（一般 3 个月，视现场环境而定）对传感器进行清洗，以保证测量的准确性。

用水流清洗传感器的外表面，如果仍有碎屑残留，请用湿的软布进行擦拭。不要将传感器放在阳光下直射或者通过放射能够照到的地方。在传感器的整个使用寿命中如果阳光暴露时间总计达到了一小时的话、将会引起荧光帽的老化、从而引起荧光帽出错导致显示错误的读数。

（2）传感器损坏检查

检查传感器外观，是否有破损，如有破损要及时联系售后维修中心更换，防止因为破损而导致传感器进水产生故障。

（3）传感器的存放不使用时，应盖上产品自带的保护帽、避免阳光直射或暴晒。为了保护传感器不受冰冻影响，将 DO 探头存放在不会发生冰冻的地方；长时间保存前，将探头清洗干净。将设备存放在运送箱内或具有防电击的塑料容器中。将电缆盘放置在上述塑料容器的底部。避免用手或其它硬物接触及刮花荧光帽。

严禁荧光帽被阳光直射或暴晒。

（4）电缆线的保养

在现场操作时，应注意不要将任何非防水电缆（也即任何除防水水下电缆以外的电缆）放置在靠近任何水源的地方，任何时候都要保证接头干燥。

使用硅滑脂适当地润滑所有水下接头的密封表面。保持所有电缆的干净、干燥，并存放（整齐盘绕）在一个大的塑料容器中。不要让电缆的盘绕直径小于 6 英寸，否则会损坏电缆。不要将电缆打结或者使用夹子来标志某个深度。应避免任何电缆在使用时受磨损、不必要的张力、反复弯曲或者出现剧烈弯曲（如栏杆）的损坏。

（5）荧光帽更换

当传感器的测量帽出现损坏时须要更换测量帽。为了保证测量的准确性建议每年更换一次或者例行检查时测量帽出现较为严重的破损时，须要更换测量帽。

63. 电控柜的巡检内容有哪些?

（1）检查各转换开关，启动、停止按钮动作应灵活可靠，电源指示是否正常。

（2）检查电控柜内空气开关、接触器、继电器、时控开关等电器元件是否完好，紧固各元件接触线头和接线端子的接线螺丝。

（3）检查电控柜外壳是否存在锈蚀，如发现部分锈蚀，应及时做防锈处理。

（4）不定期清洁电控柜内外灰尘，确保电控柜内外干净、整洁。

（5）定期对 PLC 控制系统进行检查，保证 PLC 控制系统安全、可靠地运行。

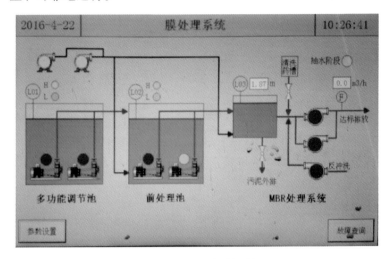

图 3-17　PLC 控制系统

64. 电控柜日常保养的内容有哪些?

（1）首先切断电源，清扫电控柜内外灰尘，确保电控柜干净整洁。

（2）检查电控柜内元器件、导线及线头有无松动或异常发热现象，发现问题立即处理。

（3）对于触点熔化或线圈温升过高，动作不灵以及操作机构磨损脱落的元件应及时更换。

（4）检查各类传感器、仪表安装固定有无松动，如有故障及时处理。

（5）在正常电压下，接触器、继电器、电磁阀等感应元件运行有异常交流声应及时更换。

（6）检查接触器、继电器、开关等触点吸合是否良好。

图 3 – 18 电控柜的巡检和保养

第三节 终端场地维护保养

65. 标志牌一般包括那些内容，应如何进行检查及维护？

图 3 – 19 标志牌

标志牌一般包括工程概况、工程名称、开竣工时间、建设单位、施工单位、设计单位、监理单位及相应的项目负责人名单及联系方式等内容。

日常检查及维护的内容包括：

（1）标志牌是否被物体遮挡，如发现被遮挡，应及时清除遮挡物

（2）对于木制品标志牌，定期检查木制品是否有木头腐烂、开裂、破损，油漆脱落等情况发生，还应注意防腐、防虫、防火，必要时可对腐烂、破损、开裂的地方进行修补，重新补漆处理。

（3）对于碳钢材质标志牌，必须保持碳钢结构表面的清洁和干燥，定期检查结构防腐涂层的完好状况，涂层损坏应及时进行维修；如发现表面生锈，可采用人工除锈、机动除锈、喷砂除锈、用酸洗膏除锈方法的除锈。

（4）对于不锈钢材质标志牌，平时要做好标志牌表面防护工作，不锈钢表面污物引起的锈，可用10%硝酸或研磨洗涤剂洗涤，也可用专门的洗涤药品洗涤。

（5）标志牌表面字迹出现模糊或褪色时，应重新喷涂或张贴所标识的内容，做到标志的内容清晰、美观、整洁。

（6）定期检查标志牌位置是否被移动或是否存在倾斜、连接紧固螺丝是否松动等安全隐患，如存在应及时复原或采取维修处理。

66. 塑木栏杆、塑钢栏杆、绿篱等围栏应如何养护管理？

塑木栏杆的养护管理：

塑木栏杆须定期打扫，以防止灰尘堆积或污渍难以清除。可使用湿抹布直接擦洗或使用水龙头直接冲洗木塑栏杆的灰尘污垢、泥土等，自然晾干。如果塑木栏杆沾上污渍但不确定用何种清洗方法时，建议先清洗污渍区域的一小部分做为测试以防止造

图 3 - 20　不同类型的围栏

成色差过大，如果效果良好，再清除整个污渍区域。

当塑木栏杆需要钻孔时，在使用自攻螺钉的位置应先用钻头引孔，再进行自攻螺钉的紧固，以免影响塑木的使用。

塑钢栏杆的养护管理：

（1）应定期对塑钢栏杆上的灰尘进行清洗，保持其清洁和光亮。

（2）如果塑钢栏杆上污染了油渍等难以清洗的东西，可以用洁尔亮擦洗，而最好不要用强酸或强碱溶液进行清洗，这样不仅容易使型材表面光洁度受损，也会破坏表面的保护膜和氧化层而引起锈蚀。

（3）尽量避免用坚硬的物体撞击划伤型材表面。

绿篱的养护管理：

（1）松土除草

绿篱栽植后，土壤会逐渐板结，影响正常的生长发育，因此，及时进行松土是非常必要的。松土除草的时间和次数应根据土壤的性质和杂草生长情况而定，一般每月进行一次。

（2）施肥浇水

为保证绿篱的正常生长，要及时进行追肥。根据绿篱的品种，严格按绿篱提供商的要求施加肥料。

春季天旱少雨，一般每周浇水一次；夏秋季节雨水较多，一般每两周浇水一次；冬季绿篱处于休眠状态，因此，一般入冬前浇一次防冻水即可。对生长在灰尘较多环境中的绿篱，要经常喷水清洗绿篱丛冠，以增加观赏效果。

（3）修剪造型

绿篱的萌芽力和成枝力较强，应经常修剪保持整齐美观的效果。

修剪绿篱应遵循剪强留弱，做到不漏剪，少重剪，旺长突出部分要多剪，弱小凹陷部分要少剪，从小到大，逐步成型的原则。

修剪分以下几种形式：一是修剪成同一高度的单层式绿篱；二是修剪成不同高度组合而成的双层式绿篱；三是修剪成两层以上的多层式绿篱。通过修剪整形，不但实现了绿篱图案美与线条美的结合，而且使绿篱枝叶不断更新，长久保持生命活力及观赏效果。

修剪绿篱常用的工具有：大绿篱剪和绿篱修剪机等。不论使用哪种工具，操作时刀口都要紧贴绿篱的修剪面，均匀用力，平稳操作，每次修剪高度要比上一次修剪提高 1~2cm。

67. 草坪应如何养护管理？

草坪的养护管理直接影响到草坪的生长发育和使用，并影响到整个终端处理设施的景观效果，应对草坪进行如下养护管理：

（1）浇水。当栽种的草坪及地被植物，除雨季外，应每周浇透水 2~4 次，以水渗入地下 10~15cm 处为宜。应在每年土地解冻后至发青前浇水 1 次返青水，晚秋在草叶枯黄后至土地结冻前溜 1 次防冻水，水量要足，要使水渗入地下 15~20cm 处。

（2）施肥。为了保持草坪叶色嫩绿、生长繁密，必须施肥。冷季型草坪的迫肥时间最好在早春和秋季。第一次在返青后，可以促进生长；第二次在仲春。天气转热后，应停止迫肥。秋季施肥可于 9~10 月份进行。暖季型草种的施肥时间是晚春。在生长季每月或 2 个月应迫 1 次肥。最后 1 次施肥南方地区不应晚于 9 月中旬。

（3）修剪草坪。一般采用机动旋转式剪草机。修剪前要对草地进行全清理，将石头、树枝以及其他有损剪草机剪刀的杂物清除掉。剪草要顺序前进，不要乱剪。剪下的草叶要及时运走，不得随意堆放。

（4）除杂草。一旦发生杂草侵害，一般采用人工"挑除"杂草的方法，不建议采用化学除草剂。

（5）通气。为改善草坪根系通气状况，调节土壤水分含量，要在草坪上打穴通气，这项工作对提高草坪质量起到不可忽视的作用。

图 3-21　草坪修剪、拔除杂草

68. 终端设施绿化植物如何防治病虫害？

（1）合理施肥，在高温、高湿季节增施磷钾肥，减少氮肥用量。

（2）合理灌水，降低绿化植物湿度，选择适宜的浇水时间。

（3）适宜修剪，修剪时严禁带露水修剪，保持刀片锋利，对草坪病斑要单独修剪，防止交叉感染，修剪后对刀片进行消毒，病害多发季节可适当提高修剪留茬高度。

（4）减少枯草层，可通过疏草，表施土壤等方法清除枯草层，减少菌源、虫源数量。

69. 终端设施应如何做环境检查？清除出的杂草应如何处置？

由于终端处理设施大多建设在农村，周围环境容易变得脏乱，杂草易生，极易对周围环境产生不良影响，因此应对终端处理设施定期进行清扫、及时清理周边杂草、脏物等，确保设施周边无占压、堆积杂物，经常检查护栏情况，从而确保周围环境整洁。

图 3-22　场地清扫、整治

日常巡检过程中清理出的杂草、杂物等，应集中进行太阳暴晒，杂草残体干燥后运至附近生活垃圾桶中，后期可作为生活垃圾处理，或就近用于堆肥处理，后期用作农肥。

第四节　常见问题及处理措施

70. 水泵运行中发现哪些情况时，必须立即停机?

水泵发生断轴故障；电机发生严重故障；突然发生异常声响或振动；轴承升温过高；装有水泵的构筑物中水位偏低，而水泵依旧运行，应停机检查；水泵堵塞、止回阀堵塞。

71. 水泵流量、扬程下降的原因有哪些? 有哪些排除方法?

水泵流量、扬程下降的原因及排除方法见表3-2。

表3-2　泵的流量或扬程下降的原因及排除方法

原因分析	排除方法
输送扬程过高	检查水泵选型、出水管尺寸是否正确
抽吸的介质走旁路	检查阀门是否被关死，然后满负载测试泵
出水管泄漏	找出泄漏点，并进行维修
出水管局部可能被沉积物堵塞	检查管线，清理或更换
泵局部堵塞	检查和清理泵（包括在过滤网内使用的）
止回阀有垃圾	停止提升泵，打开止回阀，清理垃圾
水位不够	下次跟进

72. 泵运转后无流量的原因有哪些? 有哪些排除方法?

泵运转后无流量的原因及排除方法见表3-3。

表3-3　泵运转后无流量的原因及排除方法

原因分析	排　除　方　法
气塞	频繁打开和关闭阀门；启动停止泵数次，启动/停止泵时间相隔2~3min之间；根据安装方法，检查是否需要安装释放阀
检查出水排放阀门	打开阀门；检查阀门安装方向是否有误
控制电器坏	检查电器
止回阀堵塞	停止提升泵，打开止回阀，清理垃圾
无水	下次跟进
电磁流量计坏	检修

73. 泵启动、停止过于频繁的原因有哪些？有哪些排除方法？

泵启动、停止过于频繁的原因及排除方法见表3-4。（是否真过于频繁要结合每天处理的污水量确定）

表3-4　泵启动停止过于频繁的原因及排除方法

原因分析	排除方法
浮球开关选定距离过短	重新调整浮球开关，延长运行时间
止回阀故障，使液体倒流入污水池	检查阀门并维修

74. 泵无法停止的原因有哪些？有哪些排除方法？

泵无法停止的原因及排除方法见表3-5。

表3-5　泵无法停止的原因及排除方法

原因分析	排除方法
浮球开关功能失灵	检查并根据需要更换
浮球浮子卡在工作位	松开，根据需要调整位置
时控开关处于"开"的状态	调整到"自动"状态

75．泵启动后，断路器、过载器跳开的原因有哪些？有哪些排除方法？

泵启动后，断路器、过载器跳开的原因及排除方法见表 3 - 6。

表 3 -6　泵启动后，断路器、过载器跳开的原因及排除方法

原因分析	排　除　方　法
电压过低	检查电压，如果电压过低则不能使用；电缆线过长，引起压降过大，应尽量缩短电缆，并适当选择粗些的电缆线
电压过高	使用变压器，将电压调整到正常范围
电机接线错误	检查控制盒中电缆彩色编号和接头标号并检查接线
在涡壳底部堆积有沉淀物	清理泵和污水池，参见安装说明中的有关部分
电机漏电	提升泵和污泥泵需单独排查
电器故障	所有设备单一排查，线头松动

76．泵不能启动，熔丝熔断或断路器跳开的原因有哪些？有哪些排除方法？

泵不能启动，熔丝熔断或断路器跳开的原因及排除方法见表 3 - 7。

表 3 -7　泵不能启动,熔丝熔断或断路器跳开的原因及排除方法

原因分析	排　除　方　法
浮球故障	检查旁路浮球开关是否能启动泵，如是，应检查浮球开关
绕组、接头或电缆短路	用欧姆表检查，如是短路应检查绕组、接线头及电缆
泵被堵塞	切断电源，将泵移出污水池，清除障碍物，复位前先进行试用
电器故障	看看表面有无被烧的痕迹；热继电器是否跳闸；接触器是否正常吸合；线头是否松动

77. 泵突然停转的原因有哪些？有哪些排除方法？

泵突然停转的原因及排除方法见表3-8。

表3-8 泵突然停转的原因及排除方法

原因分析	排 除 方 法
开关断开或保险丝烧坏	检查使用扬程范围或电源电压是否符合规定并以调整
电源断电	查出断电原因：（1）总电源跳闸；（2）水泵漏电；（3）零线接地，排除故障
叶轮卡住	清除杂物
定子绕组烧坏	更换绕组，进行大修
保护器跳	断开电源，查明原因（电源电压过低、过载、叶轮卡死），排除故障。五分钟后重新接通电源
电机漏电	用欧姆档检查火—地、地—零的阻值。阻值可参照相应的电机

78. 水泵振动，噪声大的原因有哪些？有哪些排除方法？

水泵振动，噪声大的原因及排除方法见表3-9。

表3-9 水泵振动，噪声大的原因及排除方法

原因分析	排 除 方 法
电动机、水泵地脚固定螺栓松动	重新调整，紧固松动螺栓
水泵、电动机不同心	重新调整水泵、电动机同心度
水泵出现较严重的气蚀现象	应采取减少出水量，或者提高吸水池或吸水井水位，减小吸上真空度，或更换吸上真空度更高的水泵
轴承损坏、生锈	更换新轴承
泵轴弯曲或磨损	修复泵轴或更换新泵轴
水泵叶轮或电动机转子不平衡	解体检查，必要时做静、动不平衡试验，此项工作只有排除其他原因时方可进行

原因分析	排　除　方　法
泵内进杂物	打开泵盖检查，清除堵塞物
流量过大或过小，远离泵的允许工况点	调整控制出水量或更新、改造设备，使之满足实际工况的需要

79．水泵轴承过热的原因有哪些？有哪些排除方法？

水泵轴承过热的原因及排除方法见表 3 – 10。

表 3 – 10　轴承过热的原因及排除方法

原因分析	排除方法
水泵未出水，无冷却水润滑	停机，重新按运行要求启动
水泵卡住	检修水泵

80．泵不吸液，压力表指针剧烈跳动的原因有哪些？怎么采取措施？

一般为泵内未注满液体，管路或仪表漏气。措施：将泵内注满液体，继续抽真空，拧紧或者堵塞漏气处。

81．泵出口有压力而水泵仍不出水的原因有哪些？怎么采取措施？

出口管线阻力太大，旋转方向不对，叶轮淤塞，泵转速不够。措施：检查或缩短出口管线；改变电机转向，打开泵盖，清洗叶轮，校正转速。

82．风机电机反转的原因有哪些？应采取什么措施？

风机反转原因主要为相序接错，一般更改相序可解决反转。

83. 风机噪音高的原因有哪些？应采取什么措施？

风机噪音高的原因及措施见表3－11。

表3－11　风机噪音高的原因及措施

原因分析	排除方法
管道堵塞引起压力升高	清扫或更换管路
皮带罩安装不当引起振动	重新装好皮带罩
电机轴承磨损	更换新的轴承
风机内进入灰尘造成研伤	拆修风机
无润滑油	检查供油系统
润滑不良	清洗滴油嘴和油过滤器
V型带轮松动	紧固顶丝
三角带打滑	调整皮带张紧度

84. 风机发热的原因有哪些？应采取什么措施？

风机发热的原因及措施见表3－12。

表3－12　风机噪音高的原因及措施

原因分析	排除方法
超负荷运转	检查管道是否堵塞
风机进口滤清器堵塞	清扫空气滤清器
风机转子靠偏	用木锤轻轻敲打端盖
断润滑油	补充机油及检查供油系统
皮带打滑	调整皮带张紧度
润滑不良	换油和清洗滴油嘴和油过滤器
风机内部研伤	拆检风机
反转	调整相序

85．风机风量不足的原因有哪些？应采取什么措施？

风机风量不足的原因及措施见表3-13。

表3-13　风机风量不足的原因及措施

原因分析	排除方法
风机进口滤清器堵塞	清扫进口滤清器
没有润滑油	检查供油系统及补充油量
润滑不良	清洗滴油嘴和油过滤器
皮带打滑	调整皮带张紧度
管道漏风	修好管道
管道太长	重新设置管道

86．风机耗油太快的原因有哪些？应采取什么措施？

风机耗油太快的原因及措施见表3-14。

表3-14　风机耗油太快的原因及措施

原因分析	排除方法
超负荷运转	检查管路系统
空气滤清器堵塞	清扫空气滤清器
漏油	修好
温度过高造成机油蒸发飞溅	检查原因并修好

87．风机皮带破损过快的原因有哪些？应采取什么措施？

风机皮带破损过快的原因及措施见表3-15。

表 3 - 15　风机皮带破损过快的原因及措施

原因分析	排除方法
过负荷运转	做相应调整
皮带打滑	
两皮带轮不平行	

88．风机电机停转的原因有哪些？应采取什么措施？

风机电机停转的原因及措施见表 3 - 16。

表 3 - 16　风机电机停转的原因及措施

原因分析	排除方法
过负荷	检查管路系统
风机研伤	检修
电源接线不良（缺项）	修理
电机内部过脏或轴承损坏	清扫电机或更换轴承
电机本身存在质量问题	更换电机
电气控制系统	逐一检查

89．电磁流量计仪表无显示应如何处理？

仪表无显示时，应检查电源是否接通，检查电源保险丝是否完好，检查供电电压是否符合要求。当还是无法解决问题时，应更换新的仪表，及时将问题仪表返回厂家维修。

图 3 - 23 流量计显示

90. 电磁流量计励磁报警应如何处理?

检查励磁接线 EX1 和 EX2 是否开路；检查传感器励磁线圈总电阻是否小于 150Ω；如果 a、b 两项都正常，则转换器有故障。

91. 电磁流量计空管报警应如何处理?

（1）测量流体是否充满传感器测量管。

（2）用导线将转换器信号输入端子 SIG1、SIG2 和 SIGGND 三点短路，此时如"空管"提示撤销，说明转换器正常，有可能是被测流体电导率低或空管阈值及空管量程设置错误。

（3）检查信号连线是否正确。

（4）检查传感器电极是否正常：

使流量为零，观察显示电导比应小于 100%；在有流量的情况下，分别测量端子 SIG1、SIG2 对 SIGGND 的电阻应小于 50kΩ（对介质为水测量值。最好用指针万用表测量，并可看到测量过程有充放电现象）。

用万用表测量 DS1 和 DS2 之间的直流电压应小于 1V，否则说明传感器电极被污染，应给予清洗。

92．电磁流量计测量的流量不准确应如何处理？

（1）检查被测量流体是否充满传感器测量管。

（2）检查信号线连接是否正常。

（3）检查传感器系数、传感器零点是否按传感器标牌或出厂校验单设置。

（4）检查水泵、止回阀是否存在堵塞问题。

93．进水量异常的原因有哪些？应如何采取措施？

（1）管路堵塞

措施：排检管路及检查井是否有堵塞物，并清除堵塞物。

（2）是否有企业污水或新建农家乐污水接入

措施：污水收集管网排查，并与当地领导沟通。

（3）流量计异常

措施：检查流量计是否异常，并按流量计处理办法处理相关故障。

94．MBR膜透过水量减少或膜间压差上升的原因有哪些？应如何采取措施？

（1）膜堵塞

措施：进行药洗。

（2）曝气异常导致对膜面没有良好地冲洗

措施：改善曝气状态。

（3）污泥形状异常导致污泥过滤性能恶化

措施：a. 改善污泥性状；b. 调整污泥排放量；c. 阻止异常成分的流入（油分等）；d. BOD负荷的调整；e. 原水的调整。

95．终端设施出水水质不达标时，主要有哪些可能原因？

终端处理设施出水水质未能达到设计出水水质标准时，工程运维人员可首先考虑从如下方面查找原因：

（1）检查污水进行浓度和进水水量，是否有其他污水混入？周围是否有新开农家乐、新建工厂、养殖场等？

（2）最近气温如何？是否过低？

（3）风机、污泥回流泵、混合液回流泵等是否正常按调试时确定的最佳参数工作？

（4）检查活性污泥浓度、状况，活性污泥浓度是否过低或是否发生污泥流失现象？

（5）终端污水处理设施各构筑物内剩余污泥是否正常，如果剩余污泥过多，应及时将剩余污泥排出，并妥善处置。

（6）其它。

96．终端设施厌氧池的维护，应注意哪些事项？

终端处理设施厌氧处理池的维护工作主要是厌氧池内污泥的清掏与处置。污泥一般是 2～3 年清掏一次，也可根据实际情况定期清掏，发现剩余污泥过多时应及时清掏。在对厌氧池进行维护时，应特别注意：

（1）厌氧池污泥有臭味，易滋生蚊蝇，污泥渗沥液对周边水体环境会造成二次污染，因此，厌氧处理池清掏出来的污泥应妥善处置，如可考虑用于农田施肥。

（2）厌氧池停运放空清理和维修时，应打开人孔、顶盖强制通风24h，将活体小动物（鸡、狗）放置池内，检测厌氧池硫化氢等有毒气体浓度在安全范围后，运维人员方可进入池体内部作业。当有人员进入厌氧池内工作时，池外需要有人值守，一次进入池体内维修时间不超过2h。

（3）厌氧池内由于微生物作用会产生和积聚沼气，沼气是易燃易爆气体，在厌氧池清理前后及清理中，周围及池内都应禁止吸烟和明火作业。

97. 什么是污泥膨胀？有何危害？如何发现是否产生了污泥膨胀？

污泥膨胀是指污泥结构极度松散，体积增大、上浮，难于沉降分离的现象。发生污泥膨胀后，大量污泥流失、回流污泥浓度低，直接影响出水水质，并影响整个污水生化处理系统的运行情况。

可用透明容器取好氧池内泥水混合物，静置30min，发现泥水混合物未能形成清晰的泥水分界面，即发生污泥膨胀。污泥膨胀产生的主要原因有：①溶解氧浓度低；②有机负荷过低或过高；③污泥微生物所需氮磷营养不平衡。

98. 如何预防和解决污泥膨胀问题？

（1）预防丝状菌过度生长。在好氧池前段设计进水与污泥的接触区域（生物选择器），提高污泥的局部进水量与污泥量比例（F/M值），避免低进水负荷引发的丝状菌污泥膨胀。

（2）控制溶解氧浓度。通过调节反应器进水量，降低污泥微生物分解进水中营养成分所需溶解氧，维持好氧池溶解氧浓度在2mg/L以上。

（3）控制反应器负荷。根据运行经验，将好氧池有机负荷控制在合理范围内，使其他沉降性能较好微生物菌种超过丝状菌生长。

99. 好氧池出现泡沫、浮泥的原因是什么？应采取哪些防治措施？

好氧池在运行调试阶段，容易出现活性污泥泡沫、浮泥，影响工程出水水质与外观。

好氧池出现泡沫、浮泥的可能原因主要有：

（1）污水中洗涤剂增多时，好氧池污泥泡沫呈白色、且泡沫量较大。

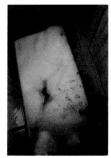

图 3-24 好氧池出现泡沫、污泥上浮

（2）污泥泥龄太长，或曝气量过高导致污泥被打碎、吸附在空气气泡上，泡沫呈茶色、灰色。

（3）污泥负荷过高，有机物胶黏，好氧池容易出现污泥泡沫、浮泥。

好氧池出现泡沫、浮泥时，应采取的措施主要包括：

（1）及时捞除浮泥，减少浮泥微生物。

（2）喷水，破坏泡沫。

100. 好氧池有臭味、污泥发黑、污泥变白怎么办？

好氧池出现供氧不足，DO 值低，出水氨氮偏高时都有可能出现臭味，应提高曝气量和曝气时间，增加供氧，使好氧池内 DO 高于 2mg/L。

当好氧池溶解氧过低时，有机物厌氧分解析出 H_2S，其与 Fe 生成 FeS，导致污泥发黑，应增加供氧或加大污泥回流。

当丝状菌或固着型纤毛虫大量繁殖及进水 pH 过低时都会导致污泥变白。针对丝状菌或固着型纤毛虫大量繁殖，导致污泥膨胀变白，参照"如何预防和解决污泥膨胀问题"处理；针对进水 pH 过低，好氧池 pH≤6 时丝状型菌大量生成，可通过提高进水 pH 值。

101. 好氧池泡沫茶色或灰色、泡沫不易破碎，发粘怎么办？

当污泥老化、泥龄过长，解絮污泥附于泡沫上时，可能会导致好氧池泡沫呈茶色或灰色，应增加排泥。

当有机物分解不全时，好氧池泡沫会出现发粘、不易破碎的现象，应降低进水负荷。

102. 活性污泥生长过慢、活性不够怎么办？

活性污泥生长过慢可能的原因有：营养物不足，微量元素不足，进液酸、碱度过高，种泥不足等。可分别通过增加营养物和微量元素，减少酸碱度，增加种泥解决。

污泥活性不够，可能的原因有：温度不够，营养或微量元素不足，无机物 Ca^{2+} 引起沉淀。可分别通过提高温度，增加营养物和微量元素，减少进泥中 Ca^{2+} 含量解决。

图 3 - 25　接种活性污泥

103. 二沉池有细小污泥不断外漂、上清液混浊，出水水质差应如何处理？

当污泥缺乏营养，进水中氨氮浓度高，碳氮比 C/N 比不合适或池温超过40℃时，二沉池有细小污泥不断外漂，应投加营养物或引进高浓度BOD水，使F/M>0.1。

污泥负荷过高，有机物氧化不完全可能会导致二沉池上清液混浊，出水水质变差，应减少进水流量或减少排泥。

104. 如何防治和解决二沉池浮泥问题？

图3-26　二沉池污泥上浮

农村生活污水处理工艺中，在二沉池常出现块状浮泥，其结构松散，随水流出后大大增加了污水SS含量，严重时造成污水不达标排放。二沉池出现浮泥的原因有：

（1）二沉池污泥未及时排出，沉积在二沉池池底的污泥发生厌氧发酵，产生了二氧化碳、甲烷等气体，携带二沉池污泥上浮，形成浮泥。

（2）二沉池的泥水混合液中含有一定量的硝态氮。二沉池池底部缺乏氧气，反硝化细菌分解利用已经在二沉池底的污泥中有机质，代谢硝态氮，生成氮气。氮气微气泡吸附在污泥表面，携带污泥上浮，形成浮泥。

为避免二沉池出现浮泥，或者在出现浮泥问题后，应采取的措施如下：

（1）二沉池及时排泥，避免在池底形成厌氧环境，为防止二沉池有死角，排泥后在死角处用压缩空气冲或高压水清洗。

（2）反硝化控制，强化二沉池前端污水生物处理流程中反硝化过程，降低进入二沉池泥水混合液中硝酸盐氮及亚硝酸盐氮的浓度。

（3）清捞浮泥，防止浮泥进入二沉池出水，影响整个污水生物处理工艺流程出水中 SS 浓度。这种方法只能应急，不能彻底解决浮泥流出的问题，最终解决问题还需要从工艺、操作技术方面解决。

（4）二沉池设计挡板，拦截污泥，一定程度上有效防止污泥流入出水中。

105. 出水氨氮、BOD、COD 升高应如何处理？

出水氨氮较高主要原因可能是反应时间不够，当污水有机氮较高，由于硝化时间不够，有机氮的氨化速率大于氨氮的硝化速率，可能导致出水氨氮上升。另外还应确认是否控制好硝化的基本条件。

当发生污泥中毒，进水浓度过高，进水中无机还原物（S_2O_3、H_2S）过高，COD 测定受 Cl^- 影响时等，可能会导致出水 BOD、COD 升高，可分别通过污泥复壮，提高 MLSS，增加曝气强度，排除 Cl^- 的干扰等方式解决。

第四章　运维监控平台信息管理

第一节　智能监管系统的建设

106. 智能监管系统对农村生活污水治理的监管层面有多大？

智能监管系统全称智能监视与信息管理系统，系统包括在线监视监测与信息档案管理两大模块。对于省、市、县三级农村生活污水治理设施的运维管理工作，都需建立相应层面智能监管系

图 4 - 1　智能监控中心

统协助管理。

107. 系统监管的终端设施有哪些要求？具体监管哪些方面？

一般要求设计日处理能力在 30 吨以上，受益农户 100 户以上或位于水环境功能要求较高的区域（如水源保护区）的农村生活污水治理设施，需进行系统在线监视监测。根据有关环境监管要求，这些农村生活污水治理设施需要规范安装或改装处理水量计量和运行状况监控系统，并定期监测处理水量和出水水质状况。对于部分位于水环境功能要求较高的区域且设计日处理能力较大的有动力生活污水处理设施，还应安装实时视频监控摄像头和流量计、COD、$NH_3 - N$、TP 等在线监测仪表以及设备运行常态、数据收集及传输装置。

图 4 - 2　智能监控设施

108. 监测仪表、设备的选用有哪些原则？

所有视频监控摄像头、流量计、数采仪、服务器等在线监测仪表都应是最先进、可靠、成熟且易维护的品牌产品。仪表的厂家应需能够提供良好质量保证和完整售后服务，并提供完整的配件、附件、备品备件。

图 4 - 3　智能检测仪表、设备

109. 信息管理系统应具备哪些功能？智能软件架构是怎样的？

信息管理系统应具备可随时展示站点档案、地图显现、设备运行情况监管、流量统计分析、视频监控、考勤、水流量报表、风机水泵等设备运行状态报表、考勤统计、工单执行情况、站点运行状况分析、安防报警情况报表、告警信息需求、完整档案管理（包括电子档案形式管理各类行政文件、规划文件、设计文件、施工文件、运行维护文件）等功能。

同时还具备相应的手机移动端程序（程序需兼容市场主流

手机系统)，对上述功能进行随身操作。系统开发还应优先采用云服务和知名数据口，为系统的扩展以及接入预留接口。

信息管理系统经硬件调试和联机调试后合格后方可投入使用，系统建设完成后，需要有专门的托管场地和专人负责维护。

智能监管系统的软件架构可以从资源管理层，应用层，以及用户层来进行设计，以某一直辖市为例，该市的系统软件架构可以如下图设计：

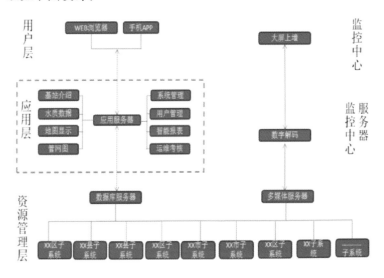

图4-4 系统软件构架

第二节 智能监管系统的运维

110. 监管中心的设备在维护时应注意什么？具体维护方法是什么？

监管中心的设备主要包括电视墙、办公桌椅、电脑、网络设施以及空调等。在对监管中心维护时，应做到以下几点：

（1）定期对所有设备上显露的灰尘进行清理，防止由于设备运行、静电等因素将尘土吸入监管设备内部。

（2）定期对空调设施进行检查，确保整体温度及湿度符合国家对机房的相关标准规范。

（3）定期检查监管中心各硬件设备的运行状态，确保设备运行状态异常能及时发现并排除。

（4）定期对监管中心计算机网络的各项技术参数及传输线路的质量进行检查，及时处理故障隐患。

（5）定期对已老化的网络配件进行检查，发现有老化现象的部件应及时更换。

服务器的运行维护应做到：

（1）根据监管中心各项系统服务以及应用服务的要求，每周定期检查服务器的报警、数据分析等各项系统参数，处理故障隐患。

（2）每周定期的对服务器软、硬件进行检查，及时诊断与排除故障。

（3）每周定期对服务器进行查杀病毒，并检查系统的备份数据完整性。

服务器运行维护服务的基本操作流程如图4－5、图4－6所示：

电视墙（或者展示大屏）的运维应做到：

（1）定期检查线路连接以及标注情况，发现异常及时处理。

（2）定期对易老化的部件进行检查。

（3）定期对控制系统进行检查、诊断与排除故障。

（4）定期对多媒体系统展示设备进行检查、诊断与排除故障。

IT资源情况汇总

技术人员用户现场值守，日常状态监控

主动式信息
系统性能侦测故障现场解决

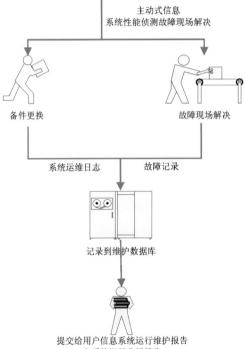

备件更换　　　　　　　　　故障现场解决

系统运维日志　　　　故障记录

记录到维护数据库

提交给用户信息系统运行维护报告
和系统运行分析报告

图4-5　值班人员操作流程图

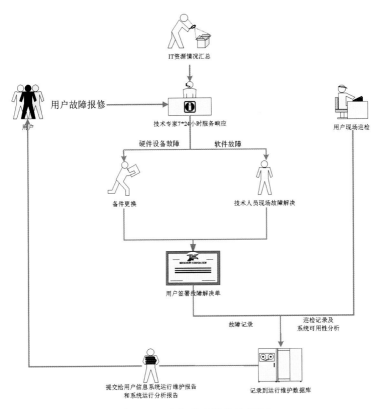

图 4 - 6　定期检查操作流程图

111. 对监管信息系统怎样进行维护管理?

监管信息系统的维护管理应做到以下几点:

（1）每日需至少对监管联网站点进行不少于 2 次的网络巡检,查看站点的视频、流量、信号传感器、设施运行情况以及警报情况。发现问题应及时处理,并做好异常情况处理过程的台账记录。

（2）每周检查监管系统的日志数据资料的安全性与完整性,做好相关备份工作。

（3）至少每月一次对整体站点的运维数据进行统计整理，包括工作日志、报表等工作记录整理归档，并上报相关部门。

112. 终端监控设施如何进行维护管理？

站点监控设施主要包含视频监控、水质监控、设备监控、考勤、安防以及网络传输设备等，在对其进行维护时，应做到：

（1）定期对站点监控设备和设施进行除尘清理，对摄像头、防护罩等部件需卸下吹风除尘。

（2）定期校准监管设施的各项技术参数，并检测系统传输线路质量，处理故障隐患，确保设备各项功能良好，正常运行。

（3）定期对易老化的监控设备部件进行检查，及时维修更换。

（4）对配置有水质在线监测仪器的，需定期对水质在线监测仪器进行保养，其中柜式水质检测仪应对其取水泵、取水管路、配水/进水系统、仪器分析系统（包含自动加药系统）进行全面检查维护。并对控制柜散热风扇、散热口进行定期清灰。

（5）定期对流量计进行检查校准，并清理、清洗电极以及管壁内污垢。

（6）应每月对各站点的巡查、检修信息进行汇总，并保存以电子文档形式，抄送监管中心。

113. COD、氨氮、总磷及其他水质监测分析仪器在安装及维护时需要注意什么？

在仪器的安装与维护中，应做到：

（1）为确保分析仪器准确、可靠、真是地测量数据。首先应该确保采用系统能够长期稳定的运行，采用泵的安装要方便更换或维修.

（2）为保证安全和稳定性，COD、氨氮、总磷等自动分析仪必须具备独立、可靠的接地。

（3）当仪器加热时，不要触摸加热杯附件的部件，以防烫伤。

（4）仪器所需要的试剂的配置必须准确.

（5）不要使用化学试剂擦拭仪器表面，可用蘸湿的抹布清洁仪器表面。

（6）避免仪器在潮湿的环境下运行，保证仪器的运行环境温度在 0～35℃。

第三节　监控中心的规章制度

114．监控中心的规章制度有哪些？职责是什么？

监控中心的规章制度大致可以分为：

（1）监控中心职责以及管理架构。

（2）监控中心岗位职责及行为规范。

（3）监控中心运维制度规定。

监控中心的职责可以分为以下七条：

（1）负责对辖区内农村生活污水治理终端站点的整体环境、出水情况、设备运转情况、终端运行情况、安全保卫和安全防火等的监控工作。

（2）协助运维单位及时处理站点发生的各种问题以及突发情况，协助镇、村主体业主预防、处理站点可能发生的各种安全事件。

（3）协助主管部门对运维单位运维情况的监管、考核。

（4）协助主管部门对西湖区农村生活污水治理终端运维管理的指挥工作。

（5）记录农村生活污水治理终端站点的运行情况和运维单位值勤作业情况，备案相关资料资料。

（6）协助运维单位更便捷地开展运维工作。

（7）协助降低减少农村生活污水治理终端能耗。

115. 监控中心值班制度具体内容有哪些？

监控中心值班人员应严格遵守值班制度，值班制度如下例：

（1）值班期间值班人员须坚守岗位，严格履行岗位职责，对值班室内的一切物品、设施负责。

（2）值班时间禁止在监控中心接待客人或容留无关人员，禁止无关人员进入监控中心；禁止用监控中心的电话打私人电话闲谈。

（3）禁止带私人物品或易燃品在监控中心存放。未经部门主任批准，不允许任何人参观监控中心的设施设备。

（4）在监控中心值班期间严禁吸烟、吃零食、看书报杂志等。

（5）当监控系统发生故障时，应及时处理上报，保证设备始终处于正常运转状态。

（6）监控系统发出报警信号时，严格按照报警操作程序操作处理，并及时向部门领导报告，并认真做好记录。

（7）在监控系统监控范围内，要密切观察监控情况，发现问题及时通知相关运维单位人员处理，同时做好录像跟踪记录，以便查询。

（8）其他各岗位值班人员无特殊情况，不得随意进入监控中心值班室。非专业人员或本室值班人员严禁乱动监控中心设备。

（9）值班人员要做好监控设备的维修与保养，定期进行检查，消除故障，保证设备的正常运行。发生设备故障，第一时间通知维修人员到场处理。

（10）不得携带易燃品进入监控中心，不得使用监控中心以外的用电设备，如因工作需要，要经过部门经理批准，并由专人看管。

（11）值班记录填写清楚、详细。当班发现的问题，要在当班时及时处理。对确实处理不了的，交下一班处理，交接班记录要完整、详细、清楚。

（12）随时保持室内和设备清洁卫生，监控中心内不准堆放物品，不准存放与工作无关的私人物品。

（13）做好防雷、防火、防盗工作。

（14）按时交接班，并详细做好交接班工作对接。

第四节 监控中心应急服务

116. 突发的应急事件怎样处理？

针对各类突发事件，应事先设计相应的预防与解决措施，同时提供完整的应急处理流程。

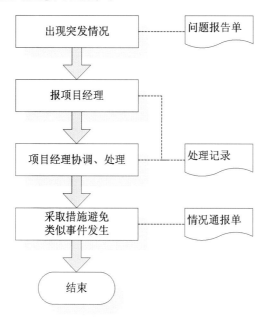

图4-7 维护服务应急处理流程

117. 系统运行的风险及预防处理措施有哪些?

针对在监管系统运行过程中可能遇到的各种各样的风险,应制定一系列预防处理措施,常见的风险事件、预防措施及处理方式如下:

类型	事 件	预防措施	处 理
应用软件	无法启动软件平台	提前准备好各类需维护程序	检查服务器、数据库配置,分析原因;无法解决,解决数据文件备份后,升级维护
	软件平台打开过程中或运行中异常错误关闭	准备好安装程序,操作系统优化和修补、查杀病毒软件	判断出错原因,备份数据,采取相关修复措施
操作系统	使用者本机操作系统异常或系统资源占用严重	准备好系统检查程序及修补程序,以及查杀病毒软件	告知使用者错误原因可能类型,提出解决方案,经使用者认可后采取相应措施
	B/S 结构系统,浏览器异常或无法下载控件	准备流氓软件清理程序、修复浏览器、查杀病毒软件、	检查浏览器选项设置,分析原因进行修复
网络或服务器	B/S 结构系统网络流量异常或服务器登录异常	判断服务器是否异常,否则准备杀毒软件	检查网络流量,流量异常小则报修网络服务商,流量异常大则查杀病毒

118. 服务器突发应急事件应该怎么办?

系统运维应急方案是对中断或严重影响业务的故障,如死机、数据丢失、业务中断等,进行快速响应和处理,在最短时间内恢复业务系统,将损失降到最低。在系统维护过程中,突发事件的出现将是很难完全避免的,针对这种情况,应设计完善的突发事件应急策略。

如系统巡检人员应定期规范检查各硬件设备的运转情况和应

用软件运行情况，同时做好日常的数据增量备份和定期全备份。对发现的问题在报各级负责人的同时，要协调相关资源分析问题根源，确定解决方案和临时解决措施，避免造成更大的影响。问题得到稳定或彻底解决后，要形成问题汇报，避免以后类似重大紧急情况的再次发生。

对发现的问题在报负责人的同时，要协调相关资源分析问题根源，确定解决方案和临时解决措施，避免造成更大的影响。问题得到稳定或彻底解决后，要及时总结，避免以后类似重大紧急情况再次发生。

119．投诉服务渠道和应急响应标准是什么？客户投诉问题如何处置？

现场服务一：配备专业运营维护服务工程师及时响应客户投诉要求，7×24h 待命，1h 内响应到场直至问题解决。

现场服务二：配备专业运营维护服务工程师，每周月固定时间，到客户现场，向客户反馈终端系统运营维护情况，接受客户相关要求及投诉，并及时作出回应。

电话服务：设置专人职守的热线电话响应客户投诉服务要求，工作时段 5×8h 待命，30min 内响应，即时到场处置。在非工作时段专人手机 7×24h 待命，30min 内响应，1h 内到场处置。

邮件服务：设置专用的邮件服务地址，7×24h 接收客户服务请求，4h 内响应，次日到场处置。

及时消息：设置专用的 QQ 消息服务，5×8h 接收客户服务请求，30min 响应，1h 内到场处置。

针对以下人员伤亡事故、发生火灾、进水水质恶化、进水量突然增大、构筑物运行异常、污水处理设施运行关键性设备故障、突然断电、大风雨雪等恶劣天气等情况，立即启动应急响应。

以上情况发生后，巡检管理责任人根据事故情况第一时间要做出正确反应（如若巡检管理责任人不在污水处理设施现场，则必须第一时间向运维部反应情况，运维部指派就近巡检管理人员赶赴现场进行处理，巡检管理人员必须在1h以内赶到故障站点），并进行及时有效的应急处理，随即通知经理，启动应急响应，主管经理通知应急预案指挥小组人员，应急响应指挥体系和应急实施体系开始履行职责。

客户投诉问题可参考下图处理。

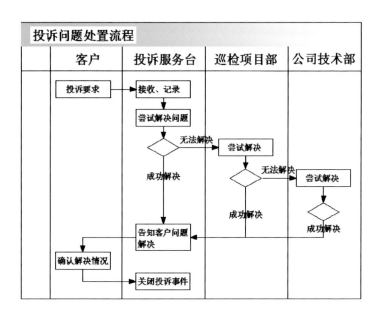

图4-8 客户投诉处置流程

120. 如何做好客户投诉控制与管理？

在处理客户投诉的管理上，应做到以下几点：

（1）运维公司必须严格做好污水处理设施运营工作的检查与考核，加强对现场巡检人员巡检工作质量的检查与考核，加强对巡检人员职业技能的培训工作。

（2）运维公司要加强现场巡检人员的管理服务规范的培训教育工作，提高服务意识。要做到举止文明、礼貌待人。客户对服务有异议时，要及时沟通，耐心解释，让客户满意。

（3）运维公司制定完善工作制度，健全服务质量投诉档案管理，严格对现场工作人员的投诉控制，实行奖惩挂钩。

121. 治理设施运行维护档案管理的相关要求有哪些？

（1）结合实际情况建立档案分级管理制度。

（2）镇（乡）级政府保存每个污水治理设施的纸质文件和重要纸质文件的电子版。

纸质文件包括：工程设施、施工、竣工资料和验收移交记录等；设施的说明书、图纸、维护手册；各种鱼农村污水治理设施相关的规章制度、技术规范和维护指标、技术文件和有关规定等；污水治理设施减排量数据、技术人员和档案管理人员档案等。

电子文件包括竣工资料、重大故障报告及处理结果、污水治理设施减排量数据等。

（3）运维单位保存每个污水治理设施的动态资料，包括：处理水量记录、电量电费记录、周期性的进出水水质检测数据、年度检修测试记录、整改落实情况记录、运行维护记录、巡查记录等。

第五章 运行维护安全相关问题

122. 治理设施的供配电系统应注意哪些问题?

（1）农村生活污水治理工程用电应与家庭用电分开，独立线路供电。

（2）设置栏杆防止非工程管理人员，特别是儿童靠近。

（3）电缆线全部采用穿线管铺设，防止漏电事故发生。

（4）请专业人士布置、安装和布设。

（5）防止破坏接地系统。

123. 常用的安全警示标志主要有哪些?

农村生活污水治理工程现场常用的安全警示标志有禁止标志（图 5 - 1）和警告标志（图 5 - 2）两类。

（a）禁止吸烟　（b）禁止合闸　（c）禁止同行

图 5 - 1 常用禁止标志

（a）注意安全

（b）当心触电

（c）当心坠落

（d）当心滑跌

图 5 - 2 常用警告标志

124. 运维过程中的主要危险源有哪些？

农村生活污水处理工程运维中主要的危险源有触电、高空坠落、水池落水、有毒有害气体中毒、易燃易爆气体爆炸和火灾、机械伤害、生物感染伤害等。

（1）触电。农村生活污水处理系统一般配备有水泵、风机等电气设备。如这些设备常年在室外潮湿、腐蚀环境下运行，绝缘层易老化或遭受机械损伤，人触碰时易发生触电事故，造成人员伤害。为预防触电事故发生，应当定期检测电器设备，及时更换老化电缆。

（2）坠落。污水处理工程检修和维护须要下到较深的池底时，要特别注意防坠落伤害。所用到的梯子、平台等均应安装符合国家劳动安全保护规定的安全护栏。

（3）人员落水。在防护设施不到位及工作人员违规操作时有可能发生人员落水甚至溺亡事故，特别是雨天及冰雪季节地滑容易导致水池落水事故。

（4）有毒有害气体。此类事故主要发生在进行池下或井下维护作业时。防范此类事故的主要措施是在下池、下井前，做好安全交底，池底、井底强制通风，采用专用仪器连续检测有毒有害气体浓度，安全条件具备后方可下池、下井。必要时，将活体小动物如鸡、狗放入池内或井中测试有毒有害气体无误后才能下池、下井。进池操作时，池外必须有人进行安全防护，防止意外发生。

（5）易燃易爆气体。污水处理工程中易燃易爆气体主要是甲烷。长期封闭的窨井内厌氧微生物分解井内底泥中有机物产生甲烷。甲烷是爆炸性气体，累积至一定浓度遇明火会发生燃烧爆炸。因此，应特别主要查看厌氧池、窨井等，禁止明火，防止儿童嬉戏扔爆竹、鞭炮等火种。

（6）机械伤害。污水处理工程中常用的泵、风机等的外露运动部件安全防护装置丢失或失效、违章带电检修等，均可造成机械伤害。防范机械伤害的措施有在设备的外露可动部件设置必要的防护网、罩，在有危险的场所设置相应的安全标志警示牌及照明设施，加强机械操作人员安全培训教育，禁止违章操作。

（7）生物感染伤害。在格栅、初沉池、二沉池等构筑物产生的污泥富集了大量病原菌、有机污染物等有害物质，对人类健康存在潜在威胁。另外，生活污水生物处理过程中的活性污泥微生物种类繁多，粘在皮肤上容易引发皮肤病。预防生物伤害的主要措施是尽量避免污泥直接接触皮肤。污泥意外喷溅在人身上时，注意及时清洗。污泥应按规定堆放、暂存，不得随地乱堆、随意弃置。

（8）火灾。污水处理工程火灾事故通常是电器设备短路、电缆老化等因素造成的。防范火灾的措施是定期检查电器设备、电缆是否老化，及时更换存在问题的部件。

125. 机械操作中应注意哪些安全措施?

（1）严格按操作规程对运转中的接卸设备进行维护保养。

（2）动手进行设备检修时原则上要关机。特别是对远程操作的机械设备进行检修时，为防止因误操作而使机器突然启动，在开始检修时，要切断主电路，将闸销锁定，并标注"检修中"字样，然后再开始作业。

（3）在修理机械设备时，有时会须要将设备拆卸，因设备拆卸在地面产生较大孔洞时，应随时加盖盖板进行封闭。

（4）在狭长场所进行设备检修时，即使无旋转设备也存在危险，也要采取人员防护措施。

126. 电器操作过程中应注意哪些安全措施?

（1）防触电

触电原因有以下两种：充电部分裸露或绝缘表面受损而造成的设备缺陷；使用绝缘保护器具时不注意或不小心碰到接线部分等不正确的操作方法。因此为防止触电事故发生要：

a. 严格按规定对电气设备进行充分的维护保养。

b. 严格遵守电器设备的安全操作规程。

c. 在贮水较多场所要特别注意防触电，例如不穿皮革制成的安全靴、不用皮革手套，而用橡胶制成的雨靴或运动鞋和手套。

d. 使用临时污水泵或照明装置时，必须设置漏电保护装置。

（2）配电室管理

在配电室特别是高压配电室内，要禁止非操作人员进入，同时要建立危险标志。对配电室的管理按如下要点进行：

a. 室内要保持整齐清洁。

b. 室内要具有防止老鼠等小动物侵入的措施。

c. 电气设备以及裸线附近不得放置可燃物，同时在必要场所要适当设置消防器材，以供发生火灾时迅速使用。

d. 当雷鸣闪电时不要接近设备、管线及避雷器。

e. 发生漏雨等问题时要迅速修理。

f. 停电时备用的手电筒要保管在规定位置，以备随时可用。

（3）停电作业

对设备及线路进行检修时，应该将电路切断后再进行作业。考虑到由于联络不够充分可能酿成事故，应关闭配电盘并标出"禁止合闸"字样，同时还要设置专门人员对电源的启闭进行严格管理。另外，考虑到可能会由于忘记切断电源而造成触电事故，在进行作业前要用试电笔检验是否有电。此外考虑到由于临近电路混接可能发生触电，因此必须接地后再进行作业。

（4）信号表示

各种警报装置，必须始终处于良好工作状态，否则发生异常时无法起作用。为此平时要注意检查。

（5）其他

对于不经常使用的照明装置，为确保安全和停电时能应急使用，在平时对电源要加强管理。

127. 对缺氧与中毒等危险应如何采取防止措施？

为防止事故发生应采取以下措施：

（1）注意对测定仪器、通风装置等仪器及设备进行检查。

（2）经常检测工作环境、集水池等硫化氢浓度，下池、下井时应连续监测池内、井内硫化氢浓度。

（3）在作业场所要保持氧气浓度在18%以上，硫化氢浓度在10ppm以下，必要时应进行通风。如因存在爆炸危险而不能通风时，要使用适当的呼吸用保护器具。

（4）即使在可以不用呼吸用保护器具的场所，也要在作业时安置带警报器的测定装置，从而能及时感知异常情况。

（5）当存在由于缺氧而坠落的危险时，要使用安全带。

（6）为了防止作业当事人以外的人员进入可能发生缺氧的危险场所，要在醒目处作好标记。

（7）在缺氧危险场所从事作业的人员必须接受特别教育。

（8）在发生因缺氧危险而晕倒时，绝不能图快而不佩戴保护用具进行救助，否则只会造成更大的牺牲。

（9）下池、下井属危险作业，应建立下池、下井操作制度，应预先填写下池、下井作业单，经批准后方可执行。

128．如何做好防火防爆的管理？

（1）经常定期或不定期的进行安全检查，及时发现并消除安全隐患。

（2）配备专用有效的消防器材、安全保险装置和设施，专人负责，确保其时刻处于良好状态。

（3）消除火源：易燃易爆区域严禁吸烟；易产生电气火花、静电火花、雷击火花、摩擦和撞击火花处应视工作区域采取相应防护措施。

129．如何应对大风、雨雪、降温等恶劣天气？

（1）暴雨、洪水、雷雨、大风等恶劣天气

遇暴雨、洪水、雷雨、大风等可能出现较大灾害时要及时掌握情况，研究对策，指挥防汛抗灾抢险工作，尽可能地减少灾害损失，并做好信息报送和处理工作，及时汇总情况，向上级和有关部门报告。

a. 调整汛期的工艺运行方案，适时有效地发布预警信息。

b. 巡检人员在汛期加强各进出泵、反应池进出水闸门和变配电所等关键设备和部位的巡视和监控，做好设备运转状况记录；同时做好生产运行关键设备的检查、维护保养工作。发现故障和其它异常情况及时报送上级部门。加强现场巡视，特别是构筑物，以防大风天气高空坠物。

c. 遇到突然降雨时将门窗关紧，防止雨水流入，影响设备运行。生产运行班组增加水泵台数，降低集水井水位，直到满负荷为之。外出巡视，必须两人一组，注意防滑。巡视组抢修队员，车辆做到随叫随到，严阵以待，以处置突发事故的发生。

（2）冰冻、降雪等恶劣天气

a. 注意各水管的防冻处理，对裸露在外的管路包裹好保温材料。

b. 在冬季生化池、沉淀池出现全部封冻时及时进行破冰，保持不封冻水面。

c. 当构筑物中水面有浮泥时，应勤于观察，防止冻结后影响浮球正常工作。

图 5 - 3　恶劣天气条件下运行管理

130. 如何做好防雷击工作?

雷雨天气防雷击应注意以下几点：

（1）应留在室内，并关好门窗，在室外工作的人员应躲入建筑物内。

（2）不宜使用无防雷措施或防雷措施不足的电器，不宜使用水龙头。

（3）避免接触水管、铁丝网、金属门窗、建筑物外墙，远离电线等带电设备或其他类似金属装置。

（4）避免使用电话和无线电话。

（5）在户外工作的人员应离开水面以及其他空旷场地，寻找有防雷设施的地方躲避。

（6）切勿站立于山顶、楼顶或其他凸出物体上，切勿靠近导电性高的物体。

第六章　农村生活污水治理设施水质检测

131．终端处理设施采集的水样种类有哪些？

为了取得有代表性的样品，一般采集的水样主要有以下几种：

（1）平均污水样：即在一个时间周期内按某时间间隔分别采集数次，对于性质稳定的污染物可将数次样品混合均匀一次测定。

（2）混合污水样：将一个排污口不同时间采集的污，根据流量大小，按比例混合水样，得到平均比例混合水样。这是获得平均浓度最常采用的方法。

（3）瞬时污水样：在适当的时间相应的部位采集瞬时水样，分别测定水质的变化程度或瞬时状态。

为方便起见，终端处理设施采集的水样一般是瞬时污水样。

132．终端处理设施水样采集的一般原则？

（1）采样器可用无色具塞硬质玻璃瓶或具塞聚乙烯瓶或水桶。采集深水水样时，需用专门的取样器。

（2）采样量原则上根据检测项目的多少计算水样的需要量，

图6-1　终端出水采样

一般按照需要量的 1.1~1.3 倍采集水样。

（3）采样完毕，贴好标签后立即送至实验室及时分析检测，并对检测后的数据及时、准确进行计算与换算。检测的原始记录应书写端正、规范、清晰、装订成册，保存完好，以便查阅，并及时向有关部门报送水质检测结果。

133. 水样采样应注意哪些事项?

（1）水样灌瓶前先用所要采集的水把采样瓶润洗两三遍，或根据检测项目的具体要求清洗采样瓶。

（2）对采集到的每一个水样做好记录，记述样品编号、采样地点、时间和采样人员姓名，并在采样瓶上贴好标签。

（3）水样采集后应尽快分析，如不能及时分析，应加药固化后在 4℃ 恒温冰箱中妥善保存，另外保存的时间不宜过长，应在规定的时间内检测分析。

134. 影响水样水质变化的因素有哪些?

离开水体的水样装进样品瓶后由于环境条件改变，包括温度、压力、微生物新陈代谢活动、物理和化学作用的影响等，能引起水样组分的变化。为了尽量减少水样组分的改变，使水样具有代表性，最有效的方法是尽量缩短存放时间，尽快分析检测。影响水样水质变化的因素主要有：

（1）物理作用：易挥发成分的挥发、逸失；容器器壁及水中悬浮物对待测成分的吸附、沉淀，导致成分浓度的改变。

（2）化学作用：氧化还原作用的发生、水样吸收空气中的 CO_2 等气体，使水样 pH 值发生改变，其结果可能导致某些待测成分发生水解、聚合或沉淀。

（3）生物作用：细菌等微生物和藻类的活动，使待测成分发生改变。

这三种作用可能单独或同时发生，致使样品成分发生改变。

由此可见如果样品保存不当，以后实验室分析操作无论如何认真仔细，测定结果都已不能代表取样时原来水体的成分和污染物质的浓度。

135．水样的贮存容器有哪些？对容器如何进行清洗？

（1）常用的贮存水样的容器材料有硅硼玻璃（即硬质玻璃）、石英、聚乙烯和聚四氟乙烯。广泛使用的是聚乙烯和硼硅玻璃制成的容器。

（2）容器的清洗应根据监测项目的规定选择合适的洗涤剂，清洗要求及步骤如下：

a．一般采用不含磷酸盐的洗涤剂清洗，清洗后用软毛刷洗刷容器内外表面及盖子，注意不要在容器内壁留下划痕。

b．再用自来水冲洗干净，然后用蒸馏水冲洗数次。

c．晾干，肉眼检查有无玷污痕迹。

d．贮存用于监测有机污染物的玻璃瓶，也可用重铬酸钾洗液浸洗，然后用自来水、蒸馏水冲洗干净，晾干备用。

136．水样的保存方法有哪些？

（1）充满容器或单独取样

采样时尽量使样品充满容器，并拧紧或塞紧瓶盖，使样品上方没有空隙，减少运输过程中水样的晃动。

（2）冷藏或冷冻

水样在4℃冷藏或将水样迅速冷冻，贮存在暗处，其作用是阻止生物活动、减小物理挥发作用和化学反应速度。

（3）加入化学保存剂

加入抑制剂、调节pH等。

137．水样检测指标有哪些？一般采用什么检测方法？

水样检测指标主要包括：pH、COD、氨氮、TP、SS、大肠菌群。

（1）pH：玻璃电极法（GB/T 6920－1986）

原理：以饱和甘汞电极为参比电极，玻璃电极为指示电极组成电极（或直接采用复合电极），在25℃以下，溶液中每变化一个pH单位，电位差就变化59.16mV，将电压表刻度变为pH刻度，便可直接读出溶液的pH，温度差可以通过仪器上的补偿装置进行校正。

测定方法：按照仪器使用说明书准备好仪器，用邻苯二甲酸氢钾、磷酸二氢钾磷酸氢二钠和四硼酸钠标准缓冲溶液依次对仪器进行校正，在现场取一定水样测定或将电极插入水体直接测定pH。

（2）悬浮物SS：滤膜法

悬浮物的测定是取一定体积的混合水样，去掉水样中漂浮的树叶、棍棒等不均匀物，一般用重量法测定。常用的重量法包括：滤膜法、滤纸法和石棉坩埚法三种。

滤膜法原理：用滤膜过滤水样，经103℃～105℃烘干后得到悬浮物含量。

（3）化学需氧量COD：重铬酸钾法（GB/T 11914－1989）

原理：在水样中加入已知量的重铬酸钾溶液，并在强酸介质下以银盐作催化剂，经沸腾回流后，以试亚铁灵（硫酸亚铁二氮杂菲）为指示剂，用硫酸亚铁铵滴定水样中未被还原的重铬酸钾由消耗的硫酸亚铁铵的量换算成消耗氧的质量浓度。

（4）氨氮：纳氏试剂法（GB/T 7479－1987）

原理：以游离态的氨或铵离子等形式存在的氨氮与碘化汞和碘化钾的碱性溶液反应生成黄棕色络合物，该络合物的色度与氨氮的含量成正比，可用目视比色或者用分光光度法测定。此颜色在较宽的波长内强烈吸收，通常测量用波长在410～425nm范围。

（5）总磷：过硫酸钾消解—钼锑抗分光光度法（GB/T

11893 - 1989）

原理：在中性条件下用过硫酸钾（或硝酸高氯酸）使试样消解，将所含磷全部氧化为正磷酸盐。在酸性介质中，正磷酸盐与钼酸铵、酒石酸锑氧钾反应，生成磷钼杂多酸，被还原剂抗坏血酸还原，变成蓝色的络合物，通常称为磷钼蓝。

（6）大肠菌群

总大肠菌群的检验方法中，多管发酵法可适用于各种水样（包括底泥），但操作较繁琐，需要时间较长；滤膜法主要适用于杂质较少的水样，操作简单快速。

a. 多管发酵法（水和废水监测分析方法第四版）

原理：多管发酵是根据大肠菌群细菌能发酵乳糖、产酸产气以及具备革兰氏染色阴性、无芽孢、呈杆状等有关特性，通过三个步骤进行检验，以求得水样中的总大肠菌群数。

b. 滤膜法

原理：滤膜是种微孔薄膜，孔径 $0.45\mu m \sim 0.65\mu m$，能滤过大量水样并将水中含有的细菌截留在滤膜上，然后将滤膜贴在选择性培养基上，经培养后，直接计数滤膜上生长的典型大肠菌群菌落。算出每 L 水样中含有的大肠菌群数。

第七章　农村污水治理基本知识

138. 农村生活污水水质特点与排放规律如何？

农村生活污水水质主要具有如下特点：

（1）农村生活污水水质与当地居民生活习惯、生活水平、经济条件直接相关，呈地域性变化。

（2）农村生活污水中根据《农村生活污水处理技术规范》（DB33/T－2012），化学需氧量（COD_{Cr}）为 250～400mg/L，氨氮（NH_3-N）为 30～60mg/L 总磷（TP）为 2.5～5mg/L。污水中通常还含有合成洗涤剂以及细菌、病毒、寄生虫卵等，基本上不含重金属和有毒有害物质，可生化性好，宜采用生物、生态法处理。

农村生活污水排放量方面，主要呈现如下规律：

（1）我国农村人口数量庞大，农村生活污水排放量具有区域排水量小、全国排水总量巨大的特点。

（2）农村生活污水水量时变化与日变化波动幅度大。生活污水排放量通常是傍晚多、白天少。平时村中人口数较少，而节假日猛增。因此，生活污水水量在春节等节假日期间显著增加，而平时污水排放量减少。

139. 什么是氨氮、COD、BOD？什么是 B/C 比？有何意义？

氨氮（NH_3-N）主要是指水中游离氨（NH_3）与离子铵（NH_4^+）总和，游离氨与离子铵两者的组成比例主要与水温和 pH 值有关。

COD，化学需氧量，是指在酸性条件下，用强氧化剂（重铬酸钾或高锰酸钾）将水中的还原性物质（主要是有机物）完全氧化所消耗的氧化剂量，以通过换算得到的单位体积水消耗的氧量表示，是反映水中有机物含量的指标。另外，水样中存在的还原性无机物如亚硝酸盐、硫化物、亚铁盐等在 COD 测定过程中也被氧化而消耗氧化剂，水样中也可能存在不能被总铬酸钾或高锰酸钾氧化的有机物，因此，COD 也只能是反映有机物相对含量的一个综合性指标。

BOD，生化需氧量，是在水温 20℃、有氧条件下，由于好氧物（主要是细菌）的代谢活动，将水中有机物氧化分解为无机物所消耗的溶解氧量。通常用 5d 生化需氧量（BOD_5）作为可生物降解有机物的综合浓度指标，一般情况下，同一水样的 COD > BOD_5。

B/C 比是 BOD_5 与 COD 的比值，是判断污水是否宜于采用生物处理的判别标准，可生化指标。一般认为 B/C 比大于 0.3 的污水才适于采用生物处理。

140. 什么是总磷？水体磷的来源及危害有哪些？

总磷是指水体中各种形态磷的总称。水样经过消解直接测定的磷含量为总磷。总磷的测定是用强氧化剂将水中的一切含磷化合物都氧化分解后测得的正磷酸盐量。

水体中磷主要来源于洗涤剂、尿液、粪便、肥料、养殖废弃物等。磷的危害主要是它会造成水体富营养化，而且磷对水体富营养化的贡献一般大于氮。

141. 什么是负荷、有机负荷、污泥负荷、水力负荷？

负荷是表示污水处理设施处理能力的指标。

有机负荷是指单位体积污水处理反应器（或单位体积介质滤料）在单位时间内接纳的有机污染物量，一般不包括反应器回流量中的有机物（采用回流系统时）。有机物可以用 BOD_5 或

COD 表示，因此又称 BOD$_5$ 或 COD 负荷，单位为 kg/（m^3·d）。

污泥负荷是有机污染物量与活性污泥量的比值（F/M），即单位质量的活性污泥在单位时间内接受的有机污染物量。

水力负荷是单位体积或单位面积污水处理系统单位时间接纳的污水水量（如果采用回流系统，则包括回流水量）。

142. 什么是污水处理反应器水力停留时间?

水力停留时间，简称 HRT，是指待处理污水在污水处理反应器内的平均停留时间，也就是污水与生物反应器内微生物作用的平均反应时间。

143. 什么是活性污泥? 什么是 MLSS、SV、SVI?

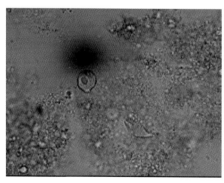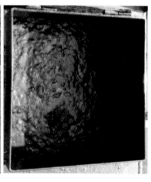

图 7-1　活性污泥

活性污泥是微生物群体及它们所依附的有机物质和无机物质的总称，是由多种多样的好氧微生物、兼氧微生物、少量其他生物、吸附态有机物或无机微粒组成的絮体，呈黄褐色泥花状。

MLSS，混合性悬浮固体，表示悬浮生长反应器内混合液中所含活性污泥固体的浓度，即单位体积混合液中活性污泥固体物的总质量，单位为 mg/L。

SV，污泥沉降比，又称30min沉降比，即混合液在量筒内静止30min后形成沉淀污泥的容积占原混合液容积的百分数，用%表示。

SVI，污泥体积指数，表示好氧池出口处混合液经过30min静止沉淀后，每克干污泥所形成的沉淀污泥所占有的容积，以mg/L计，实际使用中常略去单位，计算公式为SVI = SV/MLSS。

144. 什么是流槽井、落底井？

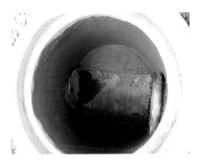 

图7-2　流槽井　　　　　　　图7-3　落底井

污水管井常用的是流槽井，井的底部是圆槽形式，可让污水较快流出。

落底井，亦称沉泥井。雨水井是落底井，在管底以下有30cm的落低，便于物件和沉淀落到井底，定时清理。

145. 什么是格栅？有什么作用？包括哪几种类型？

格栅是农村生活污水的第一个处理单元，通常设置在污水处理设施进水口端，其主要作用是筛滤污水中的漂浮物、悬浮物，保护污水处理设施内的机械设备（特别是泵），防止管道堵塞。按照栅条间隙大小分为粗、中、细三种类型格栅。粗格栅栅条间距为50~100mm，中格栅栅条间距为10~50mm，细格栅栅条间

距为 <10mm。按照清渣方式，格栅分为人工格栅和机械格栅。农村生活污水处理工程水量较小，多使用人工格栅，由人工定期清渣。

图 7-4　人工清渣格栅

146. 什么是隔油池？什么是沉淀池？

隔油池是利用油比水轻的原理，分离去除污水中浮油的一种设施。当农村生活污水含有农家乐餐饮污水时，由于其含油脂量高，必须设置隔油池。工程上常在格栅后、生物处理反应池前设置隔油池。

沉淀池是在保持一定的水流速度条件下，利用重力作用分离水中悬浮物的一种构筑物。沉淀池按工艺布置与用途的不同，分为初沉池和二沉池。初沉池通常设在污水生物处理构筑物的前端，用于去除污水中悬浮物。二沉池一般设在污水生物处理池后端，主要沉淀、分离回收活性污泥与污水混合液中的活性污泥。

147. A/O 工艺、A²/O 工艺分别指的是什么？

A/O 工艺主体由缺氧池和好氧池串联而成，缺氧池在前，好氧池在后。缺氧池中反硝化菌利用进水中的有机物作碳源，将污泥回流混合液中带入的大量硝酸盐氮还原为氮气释放至空气中，进水有机物浓度（BOD）降低，好氧池中好氧微生物利用氧气及有机质合成自身体内物质，微生物增值，有机物浓度降低。另外，好氧池内氨氧化菌、亚硝酸盐氧化菌在溶解氧存在条件下将氨氮氧化为硝酸盐氮。好氧池富含硝酸盐氮的泥水混合液回流至缺氧池，进一步去除硝酸盐氮，其余泥水混合物经二沉池沉淀，上清液排出系统。

A²/O 工艺中污水经过连续厌氧、缺氧、好氧的环境在厌氧、兼氧及好氧微生物的协同作用下完成去除有机物，达到同步脱氮除磷的目的。

A²/O 工艺中，首段厌氧池主要是聚磷菌进行磷的释放，溶解性有机物被细胞吸收而使污水中 BOD 浓度降低。在缺氧池中，反硝化菌利用污水中的有机物作碳源，将回流混合液中带入的大量硝态氮和亚硝氮还原为 N_2 释放至空气中，BOD 浓度继续下降。在好氧池中，有机物被好氧微生物生化降解，浓度进一步下降，有机氮被氨化继而被硝化，磷酸盐被聚磷菌过量摄取，浓度下降。最后混合液进入二沉池，进行泥水分离，上清液作为处理水排放，沉淀污泥的一部分回流厌氧池，另一部分作为剩余污泥进入污泥脱水工段，排出系统。

148. 什么是人工湿地？其基本原理是什么？

人工湿地是人工建造的、可控制的和工程化的湿地系统。人工湿地是在一定长、宽比及地面具有坡度的洼地中，填装砾石、沸石、钢渣、细砂等基质混合组成基质床，床体表面种植成活率高、吸收氮磷效率高的水生植物，污水在基质缝隙或者床体表面流动，所形成的具有净化污水功能的人工生态系统。人工湿地的设计和建造主要强化了自然湿地生态系统中截留、吸附、转化分解有机物、氮磷等污染物的物理、化学和生物过程。

图 7 - 5　人工湿地

　　人工湿地主要通过基质、微生物、植物，通过物理、化学和生物作用实现污水中有机物、氮磷等污染物的去除。

　　（1）基质作用。污水流经湿地系统时，水流中的悬浮固体颗粒直接在基质颗粒表面被拦截。水中悬浮固体颗粒和溶解性污染物迁移到基质表面时，容易通过基质表面的粘附作用而去除。此外，由于湿地床体长时间处于浸水状态，床体很多基质区域内形成土壤胶体，土壤胶体本身具有极大的吸附性能，也能够截留和吸附进水中的悬浮固体颗粒物和溶解性污染物。

　　（2）植物的作用。湿地植物是人工湿地污水处理系统中的重要部分，是人工湿地可持续性去除污染物的核心。首先，植物通过吸收同化作用直接从污水中吸收富集营养物质，如氮和磷等，最后通过植物收割而使这些物质离开水体。其次，湿地系统根系密集、发达（图 7 - 6），交织在一起拦截固体颗粒，降低污水悬浮物浓度。再次，植物根系为微生物的生长提供了营养、氧及附着表面，从而提高了整个人工湿地系统的微生物量，促进微生物分解代谢污水中污染物的作用。最后，植物还能够为水体输送氧气，有利于微生物进行好氧分解代谢污水污染物（图 7 -

7)。

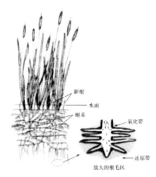

图7-6 发达的湿地水生植物根系　　图7-7 植物根系的氧气传递

（3）微生物作用。人工湿地系统中的微生物是降解水体中污染物的主力军。在湿地环境中存在着大量的好氧菌、厌氧菌、硝化细菌、反硝化细菌。通过微生物的一系列生化反应，污水中的污染物都能得到降解，污染物一部分转化成为微生物生物量，一部分转化成为对环境无害的无机物质回归到自然界中。此外，人工湿地系统中还存在一些原生动物、后生动物，甚至昆虫，它们也能参与吞食湿地系统中的有机颗粒，同化吸收营养物质，在某种程度上去除污水中污染物。

149. 人工湿地主要有哪几种类型？有哪些优点？

按照污水流经方式不同，人工湿地通常分为表面流人工湿地和潜流人工湿地2种类型。按照污水在湿地中水流方向不同，潜流人工湿地又可分为水平潜流型人工湿地、垂直潜流型人工湿地、及垂直流与水平流组合的复合型潜流人工湿地3种类型。

（1）表面流人工湿地：水面在湿地基质层以上，水深一般为0.3~0.5m，流态和自然湿地类似（图7-8）。

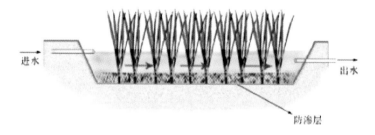

图7-8　表面流人工湿地示意图

（2）水平潜流型人工湿地：水流在湿地基质层以下沿水平方向缓慢流动（图7-9）。

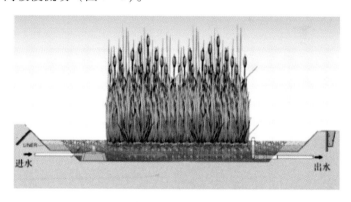

图7-9　水平潜流型人工湿地示意图

（3）垂直潜流型人工湿地：污水一般通过布水设备在基质表面均匀布水，垂直渗透流向湿地底部，在底部设置集水层（沟）和排水管（图7-10）。

人工湿地是目前我国农村生活污水处理中应用最广泛的技术，非常适合我国农村生活污水处理，是目前我国大力推广的污水处理技术之一。其主要优点有：运行费用低；运维便利，技术要求低；处理效果好；景观效果好，可有机地与周边环境协调，

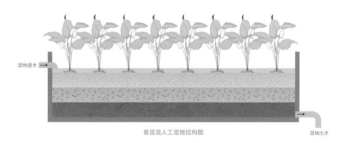

垂直流人工湿地结构图

图 7 - 10　垂直潜流型人工湿地

不同的湿地植物间合理搭配，可成为自然景观的一部分。

150. 什么是膜生物反应器（MBR）？

膜生物反应器（MBR）是膜分离技术与生物技术有机结合的一种新型污水处理工艺。MBR 由膜组件和生物反应器组成，用膜组件代替普通活性污泥工艺中的二沉池，可使活性污泥与处理出水高效分离。

图 7 - 11　膜及膜组件

图 7 - 12　MBR 终端